U0197746

DK儿童史前
大怪兽

[英]迪安·洛马克斯 / 著　尹超　高源 / 译　郭昱 / 审

电子工业出版社·

Publishing House of Electronics Industry

北京·BEIJING

Original Title：My Book of Dinosaurs and Prehistoric Life:
Animals and plants to amaze, surprise, and astonish!
Copyright © Dorling Kindersley Limited, 2021
A Penguin Random House Company

版权贸易合同登记号　图字：01-2021-5154
图书在版编目（CIP）数据
DK儿童史前大怪兽／（英）迪安·洛马克斯（Dean Lomax）
著；尹超，高源译. --北京：电子工业出版社，2022.1
ISBN 978-7-121-42331-4

Ⅰ.①D… Ⅱ.①迪… ②尹… ③高… Ⅲ.①古生物—
儿童读物 Ⅳ.①Q91-49

中国版本图书馆CIP数据核字（2021）第229022号

责任编辑：董子晔　特约编辑：刘红涛
印　　刷：惠州市金宣发智能包装科技有限公司
装　　订：惠州市金宣发智能包装科技有限公司
出版发行：电子工业出版社
　　　　　北京市海淀区万寿路173信箱　邮编：100036
开　　本：787×1092　1/16　印张：6　字数：137.9千字
版　　次：2022年1月第1版
印　　次：2023年5月第2次印刷
定　　价：68.00元

For the curious
www.dk.com

目录

月球可能是地球和一颗小行星相撞，造成大量的碎片环绕地球运行而形成的。

在地球刚刚诞生的几亿年里，大量陨石撞击地球表面，形成很多陨石坑。

早期的地球极其炽热，分布着众多的火山，地表大部分被岩浆覆盖。此外，地球被一层气体云包裹，地球的大气层慢慢因此形成。

生命从哪里来

生命从何而来？这是科学界最具挑战性的问题之一。早期的地球非常热，几乎没有氧气。科学家们普遍认为最初的生命是在海洋中诞生的，现在的所有生命都是由最初简单的微古生命进化而来的。

水是生命出现在地球上的必要条件，为生命提供了良好的生存环境。当地球冷却后，水蒸气凝结成液态水，形成了巨大的原始海洋。

生命的起源

生命是如何开始的，仍然是目前最难回答的科学问题之一。米勒实验表明，闪电可能形成生命有机质；还有观点认为水下化学反应可能形成生命；地外起源论认为最初的生命是由流星带到地球上的。

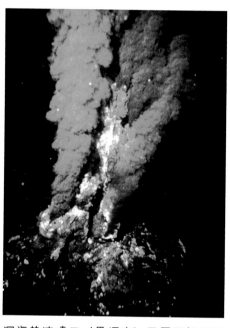

深海热液喷口（黑烟囱）周围可能已经开始有生命了。这些喷口从地球深处喷出滚烫的富含矿物质的热水。

叠层石是由藻类和细菌沉积形成的岩石。这些微生物可能是地球上最早的生命形式之一。最古老的叠层石化石大约有35亿年的历史。

生命的形式

从最原始的原核生物到单细胞真核生物，再到体形巨大的哺乳动物，所有的生命都是有机体，只是不同有机体的大小和形态结构不同。各种生命可以分为不同的几大类（界），包括动物、植物、真菌、真核生物、原核生物等，每大类又可以进一步划分为更小的类群（门、纲、目、科、属、种），所有类群存在了几百万年到上亿年不等。

野牛龙

硅藻

微生物和真菌

微生物如此之小，以至于你只能用显微镜才能看到它们。例如硅藻，在显微镜下可以看到它只由一个细胞构成。所谓"真菌"，既包括一些单细胞的微生物，如酵母菌、霉菌，也有较大的生物，如蘑菇、木耳。

毒菌

瓦契杉

地球上曾经出现的99%的生命现在已经灭绝。

动物

地球上最早的动物在寒武纪（距今5.41亿年）之前就已经出现。化石证据显示：很多史前动物，例如野牛龙和尤因它兽（与今天的犀牛有些相似），和今天的动物有很大差异。

翼龙

镰甲鱼

尤因它兽

裸蕨

毛茛

植物

地球上出现得最早的植物生活在水中，但是4亿多年前植物开始登陆。以裸蕨为代表的史前植物在地球演化史中扮演了重要的角色，它们不断地向大气中输送氧气。

进化（演化）

19世纪，两位自然学家——查尔斯·达尔文和阿尔弗雷德·拉塞尔·华莱士几乎同时提出了生物进化论。他们的理论解释了动植物是如何经过若干代后发生变化的。

最早能在陆地行走的两栖动物就是从鱼类演化而来的。

时间线

并非所有的史前生命都生活在同一时期。地球的历史可以分成4个大的时间段，称为"宙"，宙下分为若干"代"，"代"下又分为若干"纪"。这样可以建立一个时间线，从而可以知道哪些史前生命生活在同一时期，以及它们生活在何时（距今多少年）。

早期的细菌

35亿—5.41亿年前

最初的生命

最早的生命形式是细菌类微生物。最早的生命（化石记录）距今已有35亿年，但生命的起源还要早于这个时间。

腕龙

2.01亿—1.45亿年前

侏罗纪

真正的大型恐龙是在这一时期出现的。其他小型动物生活在恐龙的阴影中，它们或躲在地洞里，或在树上栖息。

始盗龙

2.52亿—2.01亿年前

三叠纪

二叠纪生物大灭绝后，动物不断进化，一些新的物种逐步统治地球，包括海中的鱼龙、空中的翼龙及陆地上的各种恐龙。

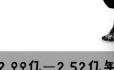

2.99亿—2.52亿年

二叠纪

二叠纪时期，爬行动物继续繁盛，逐渐成为陆地的统治者。但是，随着地球上最大的一次生物大灭绝的发生，二叠纪结束了。

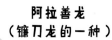

阿拉善龙
（镰刀龙的一种）

1.45亿—6 600万年前

白垩纪

白垩纪时期，虽然恐龙还统治着地球，但是世界还是发生了很多改变——开花结果的被子植物和古鸟类逐步发展起来。随着一颗小行星撞击地球，这个时代结束了。

龙王鲸

6 600万—2 300万年前

古近纪

在小行星撞击地球的毁灭性影响之后，生命慢慢恢复，哺乳动物开始繁衍。在海洋中，巨大的海洋爬行动物沧龙和鱼龙被早期的鲸所取代。

三叶虫

5.41亿—4.85亿年前

寒武纪

很多动物门类在寒武纪早期大量出现,人们称这一事件为"寒武纪大爆发",其中包括一些带有坚硬外骨骼的动物。

星甲鱼

4.85亿—4.43亿年前

奥陶纪

在奥陶纪时期,海洋中出现了新的生命形式,包括很多早期的无颌类,以星甲鱼为代表。

库克逊蕨

4.43亿—4.19亿年前

志留纪

在志留纪温暖的海洋中,珊瑚等生物大量造礁,而像库克逊蕨等植物已经在陆地上开疆拓土。

盾甲龙

羊齿类植物

提塔利克鱼

3.59亿—2.99亿年前

4.19亿—3.59亿年前

石炭纪

在石炭纪时期,大量热带沼泽覆盖地表,出现了大量的原始森林,能够给大型动物提供足够的食物。汽车大小的大型两栖类及早期的爬行动物随之出现。

泥盆纪

在泥盆纪时期,有些鱼类进化成了有四肢的两栖动物,它们是脊椎动物从水生到陆生的先头部队。

恐象

虎

2300万—260万年前

260万年前—至今

新近纪

很多现生动物属种在新近纪开始出现并演化,例如一种名叫恐象的古象类。人类也在新近纪出现并开始早期的演化。

第四纪

我们生活在第四纪,也就是距今260万年以来的时光。一些著名的冰河时期的生物,如猛犸灭绝了,但是很多新物种出现,它们一直繁衍至今。

地球有多古老

地质学家估计地球的年龄是惊人的45.4亿年。这里展示的岩石来自澳大利亚的杰克山,年龄是44亿岁!

地球上最古老的岩石

地球如何演化

地球在其异常漫长的45.4亿年历史中发生了巨大的变化：山脉隆起、剥蚀，海洋出现和消失，大陆碰撞及漂移等现象多次发生。

超级大陆是众多大陆板块拼合而成的。

在太古宙时期，地球表面大部分被海洋覆盖。

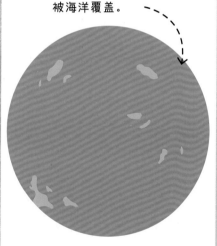

太古宙

在40亿—25亿年前的太古宙，各个大陆开始形成。此时期的生命都是微生物，海洋是菌藻的世界。

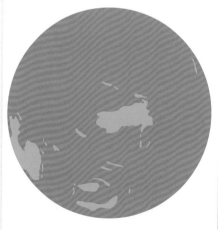

寒武纪

5.4亿年前开始生命大爆发，开启了古生代的第一个纪——寒武纪。之前的超级大陆已经裂解，留下许多小的大陆板块，以及一个名为冈瓦纳的超级大陆。

石炭纪

在石炭纪时期，各个大陆逐步聚集，形成了从北极延伸到南极的超级大陆——盘古大陆（泛大陆）。包围泛大陆的是盘古大洋（泛大洋）。

冰岛的辛格维尔国家公园中有因板块拉伸而撕开的裂谷。

板块构造

地球岩石圈可以被分成几个刚性块体，即板块。这些板块漂浮在下方的地幔上，它们有的相互远离，有的相互碰撞挤压，有的平移擦肩而过。当板块运动时，各板块自身也会随之改变，基于板块形成的大陆的形状和位置亦发生改变。

在古近纪，非洲的部分地区位于水下。

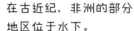

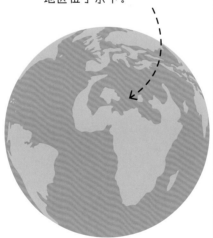

侏罗纪

侏罗纪时期，泛大陆开始裂解。随着北美大陆从整块大陆分离出来，地球海陆分布向今天我们熟悉的格局演变。侏罗纪时期的地球气候炎热，南北极冰盖很少甚至没有冰盖，海平面比今天的高。

古近纪

在古近纪时期，大陆继续漂移，其位置与今天的地点更加接近。随着印度板块和欧亚大陆相撞，喜马拉雅山开始形成。

今天

今天的地球主要有6块主要的大陆，从大到小依次是欧亚大陆、非洲大陆、北美大陆、南美大陆、南极大陆和澳大利亚大陆。各个大陆至今仍在移动之中。

化石

化石是远古生物留下的遗体和遗迹，它们为人类研究地球的历史提供了最直接的证据。在地球历史中，曾经有无数动植物生存，一些化石能够直接反映出某种史前动物的骨骼全貌。

尽管存在像图中这样完整的史前生物（一种翼龙）骨骼化石，但是通常情况下，被发现的化石是不完整的，只有部分骨骼得到保存。

某些珍贵的化石中保存了动物的皮肤、毛发和羽毛等。

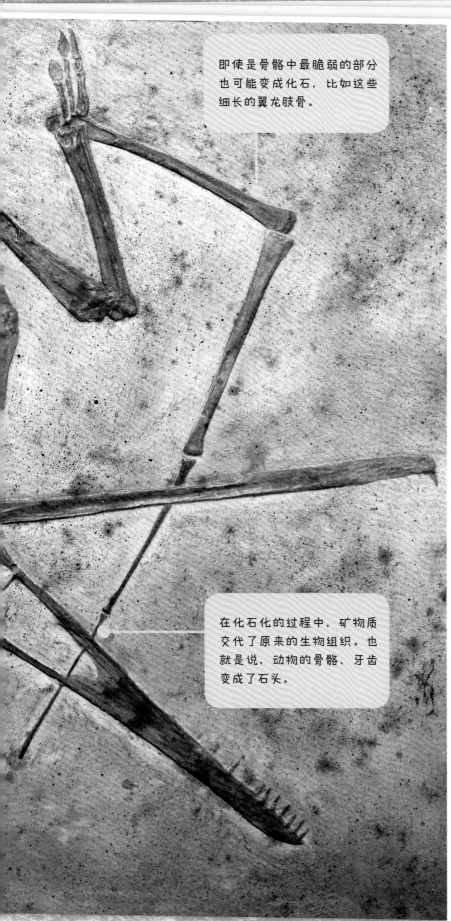

即使是骨骼中最脆弱的部分也可能变成化石，比如这些细长的翼龙肢骨。

在化石化的过程中，矿物质交代了原来的生物组织。也就是说，动物的骨骼、牙齿变成了石头。

化石的种类

化石有很多不同的种类，按照化石的保存特征，古生物学家将化石分成了4种主要类型：遗体化石（例如骨骼化石、贝壳化石）、模铸化石（例如树叶印痕）、遗迹化石（例如足迹化石、潜穴、蛋化石、粪便）和化学化石（例如煤炭、石油）。

这是艾伯塔龙的头骨化石，是一种典型的遗体化石，能够显示其生前的模样。

硅化木也是一种遗体化石，在这棵远古树干上可以看到树皮的纹路。

足迹化石是最常见的一种遗迹化石，它记录了某种动物在某一时刻的状态。

化石的形成

只有很少一部分古代动植物的遗体能够被保存为化石。这些远古生命能否被保存为化石取决于其死亡的方式和地点。通常情况下，生物体的坚硬部分，例如骨骼、外皮等，能够形成化石被保存下来。

目前，科学家已经发现并命名了1 500多种恐龙。

死亡

当生物体死亡以后，不论是寿终正寝还是意外死亡，或者是被捕食者捕食，其身体的全部或一部分都可能形成化石。死亡后，生物体的软体部分会很快腐烂。

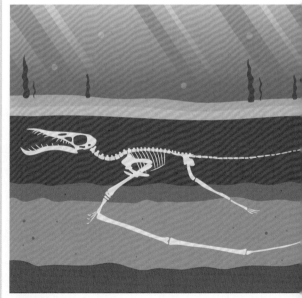

埋藏

在化石形成的过程中，埋藏是最为重要的一步。一般来说，生物在水中或靠近水边的地方死亡，其遗体才可能迅速被泥、沙或其他沉积物掩埋，并有机会形成化石。

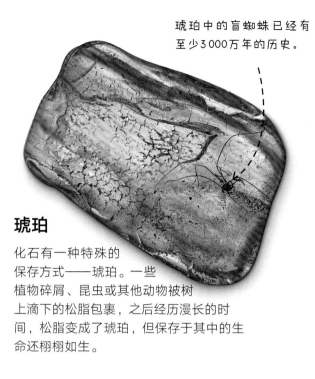

琥珀中的盲蜘蛛已经有至少3000万年的历史。

琥珀

化石有一种特殊的保存方式——琥珀。一些植物碎屑、昆虫或其他动物被树上滴下的松脂包裹，之后经历漫长的时间，松脂变成了琥珀，但保存于其中的生命还栩栩如生。

化石搜寻者

玛丽·安宁（1799—1847）是一名早期的古生物学家，生活在英国莱姆雷吉斯。她从小就开始收集各种化石，包括她12岁时发现的一具鱼龙的遗体。

玛丽·安宁和她的狗

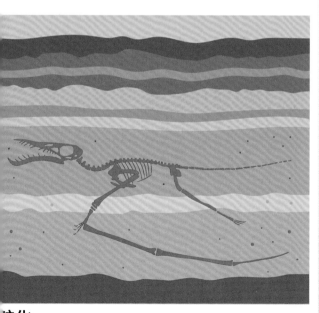

矿化

当动物的尸体被掩埋在较深的沉积物中以后，其骨骼和牙齿逐步被周围沉积物中的矿物质交代，正是这种交代使得生物变成化石。

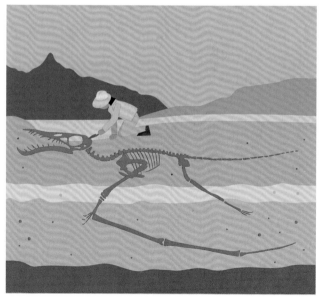

发现

经过亿万年之后，化石被古生物学家或化石猎人发现。由于需要细心清除化石的围岩，因此化石的发掘和修复也十分消耗时间。

地史中的植物

植物是由20多亿年前出现的微小细菌进化而来的。植物可以通过光合作用将阳光转化为能量，这种能力帮助它们在陆地上生存和发展。5亿年前植物就开始向陆地进军了。

苏铁

苏铁

苏铁最早出现在二叠纪早期。在中生代，它们迅速发展到全球各地，当时陆生植物有20%是苏铁类植物。

真蕨类

最早的真蕨类出现在泥盆纪，到了石炭纪，真蕨类遍布世界各地。在那个时期，它们是陆地上主要的植物种类，遍布在世界的沼泽中。

真蕨

苔藓植物

最早登陆的植物是苔藓类植物。苔藓，包括苔类、藓类和角苔类，保持着最早的陆生植物化石纪录。

苔藓

有花植物

有花植物是目前分布最为广泛的植物，占据陆生植物种数的90%。最早的有花植物出现在中生代，也就是恐龙咆哮地球的时代。

毛茛

松果

花朵

叶片上的孢子

种子

植物的繁殖

植物的繁殖方式多样。一些植物依靠空气传播孢子或种子。古植物的叶片和孢子囊中含有孢子，还有些植物通过裸子球果和花朵产生种子来繁殖。

针叶树

针叶树（松柏类）在晚石炭世出现，在中生代成为陆地的重要植物类型之一。陆地上曾经出现的最高大的树木就有这种针叶树。

针叶树

草类

草，即低矮的禾本科被子植物。你能想象没有草的世界会是什么样子的吗？其实，地史时期的绝大多数时间里是没有草的。真正被称为"草"的植物出现在白垩纪晚期，科学家们在埋藏恐龙的岩层甚至恐龙粪便中发现了草的化石。

石松类

北美大草原

石松类

石松类植物是维管植物中最古老的类群之一。与苔藓不同的是，维管植物内部有特殊的管道，用来向叶和茎运输养分和水。

南洋杉

南洋杉是一种被称为活化石的针叶树，至今仍有一些种类分布在世界各地。人们在侏罗纪时期的地层中找到了数种南洋杉的化石。科学家认为，即使是聪明灵巧的猴子也会在如此多刺的树枝上迷失方向，因此南洋杉也被称为"猴子难题树"。

» 高度：80米
» 繁殖器官：球果和种子
» 时代：侏罗纪至今
» 分布：欧洲、亚洲、大洋洲、南美洲

成熟的南洋杉有厚而坚韧的鳞片状叶子，末端锋利。

南洋杉雄树和雌树的球果是繁殖器官，种子产自雌树的球果。

雌树

雄树

花粉是在雄树的球果中产生的。雄球果比雌球果窄得多。

黑玉

黑玉是一种古老的南洋杉木化石，它常被雕刻成珠宝首饰。世界上最好的黑玉来自英国惠特比的侏罗纪岩石。

一块黑玉

南洋杉的树干笔直、高大，世界上发现的很多木化石都属于南洋杉类。

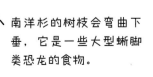

南洋杉的树枝会弯曲下垂，它是一些大型蜥脚类恐龙的食物。

威氏苏铁

威氏苏铁在分类上属于已经灭绝的裸子植物——本内苏铁目，其化石主要分布在中生代的地层中。但是，化石证据表明，本内苏铁曾在两次生物大灭绝中成功幸存。

» 高度：3米
» 繁殖器官：类似花的球果
» 时代：侏罗纪
» 分布：全世界

一束束类似蕨类的叶子从威氏苏铁树干顶端生长。

厚厚的木质树干上有钻石状的疤痕，上面附着老叶子。

威氏苏铁能长到和大型鸵鸟相同的高度。

现生苏铁

这块变成化石的威氏苏铁的树干曾被虫蛀。

现生苏铁

本内苏铁看起来很像现生苏铁，但是本内苏铁已经灭绝，而且两者还有明显区别，例如本内苏铁的球果看起来很像被子植物的花。

石松类

石松类植物4亿多年前就出现了，是早期在陆地上发展起来的植物类群之一。到石炭纪时期，石松从相对低矮的像灌木一样的植物发展成为高大的造林树木。但是，现生的石松类植物比地史时期要矮小很多。

树干顶端长出一个大圆锥体，里面有孢子。

肋木的树干没有分枝。

肋木

在恐龙刚刚出现的时期，肋木遍布全球，形成了原始森林。后来，人们在建造德国马格德堡大教堂的一块砂岩块中意外发现了第一块肋木化石。

星木的鳞片不是真正的叶子，但它们和其他植物的叶子一样能够进行光合作用。

星木

星木是早期陆生维管植物，最早出现在4.1亿年前，其坚硬的树皮阻止了水分的流失，避免植株被太阳晒干。

封印木

封印木长得很高。当它生长的时候，它的下部叶子会逐渐脱落，在树皮上留下"伤痕"。封印木广泛分布于石炭纪，在二叠纪灭绝。

鳞木

鳞木是一种高大的乔木，20年就可以生长到几十米的高度。在热带、亚热带沼泽地区，鳞木会形成茂密的原始森林，其发达的根系能够防止树木倒下。

当鳞木长到很高的高度时，其树干开始分出树枝。

世界上大部分煤炭资源的形成都与石松类植物密切相关。

鳞木化石

鳞木表面有像钻石一样的图案。

封印木的树干要么不分枝，要么只分枝一次。

封印木化石

树皮上的脊和槽呈垂直状排列。

登普斯基蕨

登普斯基蕨（树蕨）是一类可能生长在沼泽地的木本植物，在白垩纪时期广泛分布于各地。人们已经从它们的树干化石中鉴定出20多种不同的树蕨。

» 高度：6米
» 繁殖器官：孢子
» 时代：白垩纪
» 分布：全世界

盘卷的蕨类叶片

刚刚萌发的蕨类植物叶片呈盘卷状，很像小提琴的琴头。

蕨叶

盘卷的叶头展开后就是叶子，称为蕨叶。

现代树蕨的叶子分布在顶部的树冠中，但是登普斯基蕨不同，其整个树干都会长出叶片。

树蕨

现代树蕨生长缓慢，主要分布于世界各地的热带森林中。大型树蕨的叶长可达2米或更长。

蕨叶

登普斯基蕨的树干由大约200根独立的茎组成，周围有大量的根。每一根树干都可以长到直径50厘米那么粗。

木兰

目前，世界上大约有300种木兰属植物。这个家族的第一批成员出现在大约1亿年前的晚白垩世，很可能是恐龙的食物。

物种名片——木兰属植物

» 高度：30米
» 繁殖器官：花朵
» 时代：白垩纪
» 分布：全世界

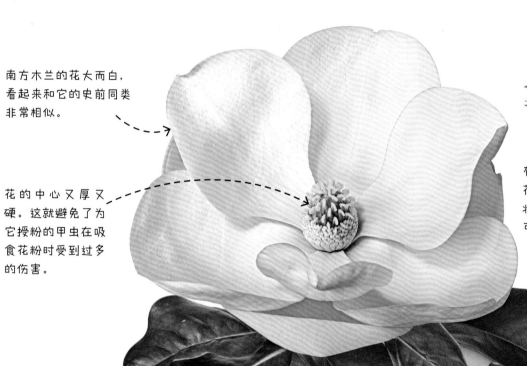

南方木兰的花大而白，看起来和它的史前同类非常相似。

花的中心又厚又硬。这就避免了为它授粉的甲虫在吸食花粉时受到过多的伤害。

有些木兰属植物的花小，植株呈灌木状，而南方木兰则可以长成大树。

毛茸茸

一些木兰属植物在冬天来临前就会结出来年准备绽放的花芽。在寒冷的月份，花芽被保护在毛茸茸的柔软"外套"里，使它们保持温暖。

木兰的花芽

木兰花由甲虫授粉。甲虫在蜜蜂进化出来之前就已经出现在地球上了。

地史中的动物

复杂的动物出现在5亿多年前。通过研究全球发现的动物化石，古生物学家能够了解不同的动物群何时出现，以及生命如何继续演化。

中国袋兽

单个物种的生存和灭绝都与其他物种密切相关。

两栖动物

两栖动物通常生活在水中，但也可以登上陆地。它们出现在泥盆纪时期，是陆地上最早的脊椎动物。二叠纪的两栖动物，如引螈，曾与哺乳动物的祖先展开竞争。

引螈

双翼鱼

鱼类

鱼是最早的脊椎动物，它们很快统治了全球的海洋。已知最早的鱼类化石来自寒武纪。后来的一些鱼类，如双翼鱼，进化出了能在空气中呼吸的能力。

动物的食性

只吃植物的动物称为植食性动物，而只吃肉的动物称为肉食性动物，若同时吃植物和肉，则称为杂食性动物。肉食性动物（如伶盗龙）和植食性动物（如禽龙）有不同形状的牙齿，以便于撕肉或咀嚼植物。

禽龙牙齿　　　　　　　　　　**伶盗龙牙齿**

哺乳动物

在恐龙出现在地球上不久，最早的哺乳动物也在三叠纪晚期（2.25亿年前）出现。如今的哺乳动物，从蝙蝠到犰狳，从鲸到人类，是一个极其多样化的群体。但是早期的哺乳动物（例如中国袋兽）体形很小，只有老鼠一般大。

鸟类

大约在1.5亿年前的侏罗纪，鸟类从兽脚类恐龙中的一支演化而来，也是现在唯一存活的恐龙类群。飞行能力的提升使得鸟类占据了天空。在新生代，像阿根廷鸟这样的大型鸟类成了天空的统治者。

阿根廷鸟

爬行动物

爬行动物在石炭纪由两栖动物进化而来。它们具有羊膜卵，这意味着它们不像两栖动物那样依附水体生存，完全可以在陆地上生活。然而，有些像鳄鱼一样的爬行动物也会下到水中。

原鳄

无脊椎动物

最早出现的动物是无脊椎动物。它们包括许多种类，从蜗牛到蜘蛛，从蠕虫到珊瑚，它们的共同特点是没有骨质的内部骨骼。一些奇怪的无脊椎动物，如马尔虫，出现在寒武纪时期。

马尔虫

狄更逊水母

生活在5.7亿年前的狄更逊水母是地球上最古老、最神秘的动物之一，至今科学家们对其属于哪个动物门类还存在争议。虽然已经发现了数种此类生物，但是其生命周期仍然是个谜。

> » 长度：1米
> » 食性：植食性
> » 时代：震旦纪
> » 分布：亚洲、欧洲、大洋洲

一些科学家认为这个三角形的部位是狄更逊水母的头部，但是也有科学家认为是尾部。

狄更逊水母身体呈扁圆形，像一张薄薄的煎饼。

身体两侧有很多的放射状凹槽

狄更逊水母化石

沙印

狄更逊水母没有软体部分，其化石只能以印痕的形式保存。第一块狄更逊水母化石是20世纪在澳大利亚的埃迪卡拉山发现的。

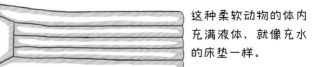

这种柔软动物的体内充满液体，就像充水的床垫一样。

怪诞虫

怪诞虫是迄今为止人们发现的最奇特的寒武纪生物之一。它是一种生活在海洋中的蠕虫状动物，背部有一排排的尖刺——最初科学家认为刺是它的腿！

» 长度：1米
» 食性：植食性
» 时代：寒武纪
» 分布：亚洲、欧洲、大洋洲

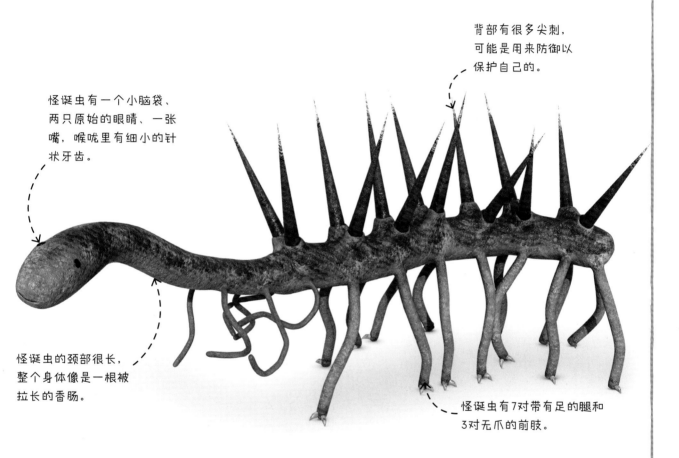

背部有很多尖刺，可能是用来防御以保护自己的。

怪诞虫有一个小脑袋、两只原始的眼睛、一张嘴，喉咙里有细小的针状牙齿。

怪诞虫的颈部很长，整个身体像是一根被拉长的香肠。

怪诞虫有7对带有足的腿和3对无爪的前肢。

天鹅绒蠕虫

古生物学家已经证明，怪诞虫和天鹅绒蠕虫可能属于同一门类。这类动物目前生活在陆地上，也用有爪的脚移动。

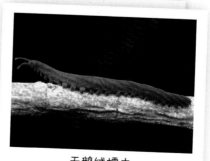

天鹅绒蠕虫

怪诞虫奇特的结构是其名字的来源，其名字本身含有"超出常规的想象"之意。

副角尾虫

副角尾虫是一种三叶虫。三叶虫是一种节肢动物，也是演化最为成功的古生物之一，目前已经发现的三叶虫超过20 000种。但是，它们在二叠纪末的生物大灭绝后全部消失了。

» 长度：16厘米
» 食性：肉食性
» 时代：奥陶纪
» 分布：亚洲、欧洲、北美洲

副角尾虫有触角，用来感知环境。

尾甲的长刺可能被用来防御捕食者或者作为感觉器官。

盾状分节甲壳能够起到防御作用。当遭到攻击时，很多三叶虫可以像犰狳一样蜷缩成一团。

修复一件精美的三叶虫化石可能要花数百小时。

布尔吉斯页岩

加拿大布尔吉斯是世界上最重要的化石产地之一。很多精美的化石都保存在页岩中。

加拿大布尔吉斯页岩动物群化石产地

奇虾

奇虾是寒武纪海洋中体形巨大的动物，也是顶级掠食者。它用两个巨大的螯肢和尖利的口器来捕食。这种著名的史前无脊椎动物最早是在加拿大布尔吉斯页岩中发现的。

» 长度：1米
» 食性：肉食性
» 时代：寒武纪
» 分布：亚洲、北美洲、大洋洲

奇虾头部有两个巨大的凸起，且有一对巨大的眼睛。

两个大的抓握附属物——螯肢，用来拖拽猎物进入它的口中。

奇虾奇特的身体有多个分节。它没有腿，但在身体两侧有帮助它游泳的皮瓣。

奇虾和昆虫一样有着敏锐的视觉。奇虾有一对巨大的复眼，每只复眼由几千只单眼组成。

寒武纪大爆发

寒武纪大爆发是指寒武纪不同生命的迅速扩张。在这一过程中出现了许多奇特而复杂的新动物，包括巨大而怪异的奇虾，以及奇异的威瓦西亚虫。

威瓦西亚虫

日射珊瑚

日射珊瑚是一种已经灭绝的珊瑚，其别称是"牛角珊瑚"，化石形态很像牛角。在化石上可以数出多条细小的日生长纹，一年共形成400多条。这也说明，在泥盆纪时期，地球自转速度比现在快，一年的天数也比现在多。

» 长度：15厘米
» 食性：肉食性
» 时代：泥盆纪
» 分布：全世界

日射珊瑚的长触须可能含有刺细胞，帮助捕捉漂移到附近的微小猎物。

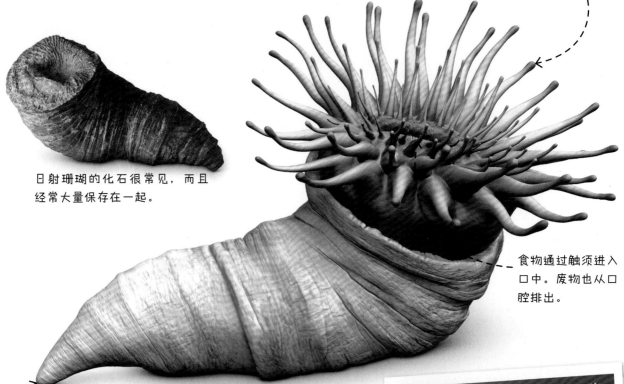

日射珊瑚的化石很常见，而且经常大量保存在一起。

食物通过触须进入口中。废物也从口腔排出。

日射珊瑚的矿物质骨骼的尖端可以帮助其固定在海底。

珊瑚礁

日射珊瑚是单体珊瑚，但是很多珊瑚生活在一起就会形成珊瑚礁。珊瑚礁是海洋生物的重要栖息地，支撑着数千物种的生存，包括鱼类、甲壳类动物，以及章鱼、蜗牛等软体动物。

珊瑚礁

海百合

尽管看起来像植物，但是海百合是一种海生动物。它和海星、海胆一样，都属于棘皮动物。海百合有一个长长的"茎"和花朵状的头部，因此得名"海百合"。

» 长度：2米
» 食性：肉食性
» 时代：三叠纪
» 分布：欧洲

海百合的头部被称为花萼，有10个羽毛状的腕，用来过滤水中的小猎物。

海百合的"茎"是由许多称为"茎环"的微小部分组成的，这些"茎环"通常能被保存为化石。

被发现的海百合化石的腕部一般并在一起。

"茎"的底部有一个根状的锚，叫作固定器，使海百合可以附着在海底或者漂浮的朽木上。

海百合化石

最古老的海百合（化石记录）距今约4.85亿年，目前人们已鉴定出上千种海百合类的化石。目前，大约有600种海百合生活在海洋中。

现生海百合

31

板足鲎

板足鲎于1825年被命名，是一类已经灭绝的海生节肢动物，又称海蝎子。这是史前海洋中的顶级掠食者之一，主要捕猎三叶虫和鱼类。

» 长度：1.3米
» 食性：肉食性
» 时代：志留纪
» 分布：欧洲和北美洲

板足鲎用巨大的桨状腿在水中滑行。这些腿也可能帮助它在陆地上爬行。

人们在美国发现的一种板足鲎被纽约州确定为州化石。

长而尖的尾刺可能是用来防御的武器。

海蝎子

目前，人们已经发现了200多种海蝎子。最大的一种被称为莱茵耶克尔鲎（巨型古广翅鲎），体长2.6米，是地球历史上出现过的最大的节肢动物，有一对可怕的带有尖刺的钳子。

莱茵耶克尔鲎

前肢用于行走或者进食时抓住猎物。

尽管板足鲎很像蝎子，但是其尾部的刺不像蝎子一样有毒。

中鲎

中鲎是一种已经灭绝的鲎类（又名马蹄蟹），其化石在德国南部侏罗纪岩层中被发现。由于与现生鲎类很相似，中鲎一度被科学界误认为与现生鲎是同一物种。

» 长度：50厘米
» 食性：肉食性
» 时代：侏罗纪
» 分布：欧洲、非洲、亚洲

圆形的盾状外壳保护着身体，并隐藏了它用来在海底行走的10条腿。

一旦身体被翻过来仰面朝天，中鲎尖刺状的尾部可以帮助其翻回去。

这条9.7米长的遗迹是中鲎留下的，在遗迹的尽头发现了中鲎的化石。

和许多现生节肢动物一样，中鲎可能有10只眼睛，其中2只很大，另外8只很小。

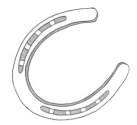

马蹄蟹得名于其马蹄形状的体形。

马蹄蟹（鲎）

马蹄蟹

马蹄蟹是鲎的俗名，除了名字中有"蟹"，其与蟹类没有任何关系，反而与蜘蛛和板足鲎关系更近一些。这种节肢动物已经在地球上存在了很长时间，最古老的鲎类已有4.5亿年的历史。

菊石

菊石是常见的化石之一，具有独特的螺旋形壳体。这种海洋动物与章鱼有密切关系，属于头足动物。它的体形差异较大，小的和硬币相仿，大的和轮胎不相上下。在白垩纪小行星撞击地球事件后，菊石成了中生代最后一批灭绝的海洋生物。

» 长度：壳直径20厘米
» 食性：肉食性
» 时代：白垩纪
» 分布：全世界

这件霍普利特菊石化石就像是用黄金铸造的，但实际上它是由黄铁矿交代而成的。

菊石一般有8条或10条触腕。

2条长的触腕用来捕食。

菊石居住在壳体内。图中这种菊石壳体有一条平直的边缘。

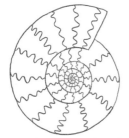

一些菊石化石上有一条条弯曲的线，叫作缝合线。

鹦鹉螺

现代鹦鹉螺和菊石类似，壳中也有可以装满水或气体的腔室，帮助它们在水中漂浮或下沉。

现生鹦鹉螺

箭石

这种酷似乌贼的史前动物是箭石。箭石得名于其像子弹一样的壳体，这是其骨骼。一些化石还罕见地保存了其软体印记及墨囊。一些艺术家甚至用已经石化的墨囊作画。

» 长度：22厘米
» 食性：肉食性
» 时代：侏罗纪
» 分布：全世界

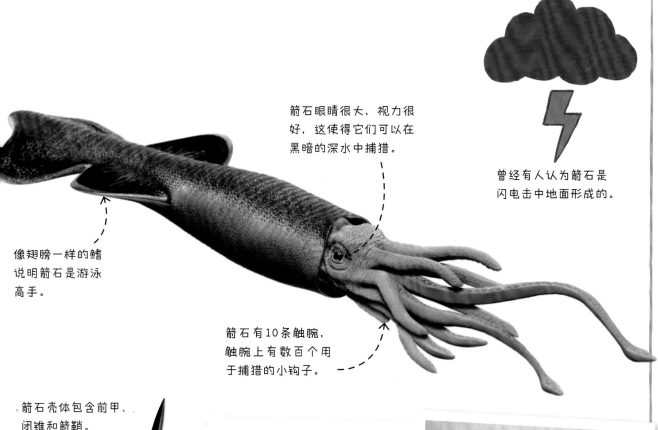

箭石眼睛很大，视力很好，这使得它们可以在黑暗的深水中捕猎。

曾经有人认为箭石是闪电击中地面形成的。

像翅膀一样的鳍说明箭石是游泳高手。

箭石有10条触腕，触腕上有数百个用于捕猎的小钩子。

箭石壳体包含前甲、闭锥和箭鞘。

章鱼的内骨骼

章鱼和箭石有着密切的关系。以前章鱼也有壳，后来壳体退化，并演化为内骨骼。

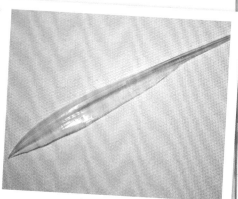

章鱼的内骨骼

节胸动物

图中的这种节胸动物的体长比人的身高还要长，是名副其实的巨型千足虫。在成长过程中，它不断地脱落坚硬的外骨骼，这样它就能变长，长出新的腿。

» 体长：2.5米
» 食性：植食性
» 时代：石炭纪
» 分布：欧洲、北美洲

节胸动物用触角感知和感受黑暗潮湿的森林地面。

下图是地球历史中出现的体形最大的陆生节胸动物。

人们发现一些节胸动物化石的肠道内有植物遗骸。

它的身体有多达30个节，每个节都有两对腿相连，总共约有120条腿。

化石印记显示，这种节胸动物的左右腿相距约50厘米。

千足虫

现在的地球上生活着许多种类的千足虫，但最大的只能长到40厘米长。虽然千足虫名字里的"千足"指的是"一千条腿"，但它们的腿都远远少于1 000条。

非洲巨大的千足虫

巨脉蜻蜓

早在翼龙、鸟类或蝙蝠之前，昆虫就进化出了飞行能力。在所有飞行昆虫中，最大的是蜻蜓类，比如生活在3亿年前的巨脉蜻蜓。

» **体长**：75厘米
» **食性**：肉食性
» **时代**：石炭纪
» **分布**：欧洲

蜻蜓

现代蜻蜓是古蜻蜓的近亲，但是其体形远远不能与古蜻蜓媲美。古代蜻蜓之所以体形庞大是因为石炭纪时期空气的含氧量高。

这种古蜻蜓有两对巨大的翅膀，可以快速地自由飞行，在空中捕获猎物。

巨脉蜻蜓有一双大眼睛和有力的下颌。它是一个顶级猎手，以其他昆虫为食，甚至包括小型两栖动物和鱼类。

帝王伟蜓

它腿上细小而结实的刺用来固定挣扎的猎物，因此它可以给猎物致命的一击。

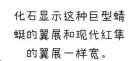

化石显示这种巨型蜻蜓的翼展和现代红隼的翼展一样宽。

邓氏鱼

这只身披盔甲的巨形鱼属于一种已经灭绝的鱼类——盾鱼。邓氏鱼出现在泥盆纪末期，是有史以来咬合力特别强的动物之一，能尽情享用它能捕捉到的一切食物。

» 体长：10米
» 食性：肉食性
» 时代：泥盆纪
» 分布：非洲、欧洲、北美洲

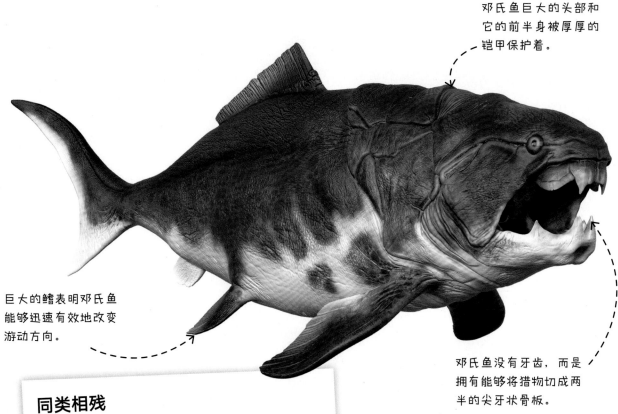

邓氏鱼巨大的头部和它的前半身被厚厚的铠甲保护着。

巨大的鳍表明邓氏鱼能够迅速有效地改变游动方向。

邓氏鱼没有牙齿，而是拥有能够将猎物切成两半的尖牙状骨板。

同类相残

人们在一些邓氏鱼的化石上发现了一些咬痕，而这咬痕与邓氏鱼的下颌吻合。这说明准备吃掉它的是另一条邓氏鱼，也就是说，邓氏鱼是一种嗜血成性的肉食者，有时甚至同类相残。

邓氏鱼是当时海中最大的猎食者。

头甲鱼

头甲鱼是一种无颌类动物。无颌类没有上下颌，不能咬和咀嚼食物，只能用它肌肉发达的嘴在泥泞的海底吸食猎物，包括甲壳类动物和蠕虫。

» **体长**：25厘米
» **食性**：肉食性
» **时代**：泥盆纪
» **分布**：欧洲、北美洲

它的两只眼睛紧贴在头顶上方，完全可以发现上面的危险。

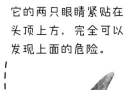

后脑勺的尖刺状突起称为"角"。这种头甲形态可能是用来挖掘泥沙以寻找食物的。

一个巨大的马蹄形盾牌保护着它的头部。

七鳃鳗

头甲鱼是一种已灭绝的无颌类动物。目前现生无颌类动物包括七鳃鳗和盲鳗——它们用一排排的牙齿来咬住猎物。

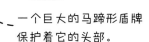

目前全世界已经发现了许多完整的头甲鱼头骨化石。头甲鱼首次被发现和研究是在1835年。

七鳃鳗

39

旋齿鲨

旋齿鲨是一种不寻常的鲨鱼。"旋"即"螺旋"。几乎所有被发现的旋齿鲨化石都带有螺旋形牙床和牙齿的下颌。最大的螺旋形牙床直径可能超过60厘米。

» 体长：10米
» 食性：肉食性
» 时代：二叠纪
» 分布：全世界

螺旋形的牙齿很像锯齿。

旋齿鲨的尾巴大且有力，可以帮助其快速地在水中游动。

旋齿鲨可能有一个流线型的身体，很适合在追逐猎物时快速游动。

像大多数现代鲨鱼一样，旋齿鲨可能有5对鳃裂。

螺旋形牙床位于下颌，用来将猎物切割成片。

这块化石显示，当外部形成较大的新牙时，那些较小的旧牙被推到了中心。

银鲛的亲戚

由于旋齿鲨是软骨鱼，因此保留下来的骨骼化石很少。根据已经发掘出的化石，科学家发现这种鱼与银鲛（也称鼠尾鱼）有密切关系。

鼠尾鱼

巨齿鲨

巨齿鲨是一种体形巨大的鲨鱼。古生物学家已经证明，它的咬合力是有史以来最强的——比霸王龙强3倍!

» 体长：18米
» 食性：肉食性
» 时代：新近纪
» 分布：全世界

巨齿鲨是地球上曾经出现的最大的鲨鱼。

厚而坚固的锯齿状牙齿是切割鲜肉的理想工具。巨齿鲨的牙齿在它的一生中会不断更换。

大白鲨

巨齿鲨和大白鲨在外表和生活方式上都很相似。实际上，两种鲨鱼可能生活在同一时期的同一片海域。大白鲨会与幼年的巨齿鲨争夺食物。这种生物竞争可能是巨齿鲨灭绝的重要原因之一。

巨大的胸鳍用于保持平衡，帮助它在游泳时改变方向。

巨齿鲨牙齿巨大，最长达18厘米，和成人手掌相仿。

大白鲨

从海洋到陆地

除了在充满竞争的、拥挤的水下世界生存，登上陆地为动物们提供了一种逃避捕食者、探索新环境和利用新食物的途径。这正是早期两栖动物起源的动力。

包括鲸在内的大批动物从陆地重返海洋。

真掌鳍鱼

提塔利克鱼

动物的陆地开拓者

有四肢状鳍的鱼，如真掌鳍鱼和提塔利克鱼，进化为第一种有4条腿的脊椎动物，即四足动物。新进化出的四足动物可以离开水体在陆地栖息，但是它们要回到水里产卵。

在陆地上行走

在泥盆纪时期，第一批有肉鳍的鱼进化出来了。在数百万年的时间里，其鳍上的骨骼和肌肉在陆地上迈出第一步时变得更加发达。

真掌鳍鱼

提塔利克鱼

在水中
在水中，一些史前鱼类，如真掌鳍鱼，有着类似早期四足动物的肉鳍和可以在空气中呼吸的鱼鳔。

半水生
像提塔利克鱼这样的物种还不能完全在陆地上行走，它们有四肢状的肉鳍，帮助它们在沼泽地里拖着身体爬行。

植物——生物登陆先锋

植物发展出的各种各样的特性帮助它们转向陆地生活。植物演化出的蜡状外层被称为角质层，防止了它们因为失去水分而变干，并且强壮的茎使它们直立生长。

库克逊蕨

提塔利克鱼发育出了强壮的尾鳍。

肺鱼

现代肺鱼有肺和鳃，当水中的氧气含量过低时，它们可以在空气中呼吸。在空气中呼吸的能力是第一批陆生四足动物必须具备的。

澳大利亚肺鱼

引螈

棘螈

缺水

像它们的鱼类祖先一样，四足动物棘螈在水里度过了大部分时间，但它们的四足表明它们能够在陆地上行走。

两栖动物

两栖动物能够舒适地生活在水中或近水的陆地上。最早的两栖动物，如引螈，在陆地上站稳了脚跟，成为了第一批主要的掠食者。

提塔利克鱼

虽然提塔利克鱼可能会像两栖动物一样从水中爬到陆地上，但它们仍然是鱼！它们属于肉鳍鱼类，其化石可以帮助科学家们更好地理解四足陆生动物是如何起源和进化的。

» 体长：3米
» 食性：肉食性
» 时代：泥盆纪
» 分布：北美洲

现生的腔棘鱼类——拉蒂迈鱼是肉鳍鱼的代表。

一个结实、发育良好的胸腔有助于提塔利克鱼支撑身体的重量，从而从水中爬到陆地上。

在它的眼睛后面有两个叫作"呼吸孔"的开口，这表明提塔利克鱼有简单的肺或能在空气中呼吸的鱼鳔。

像手臂一样带有骨骼和强健肌肉的鱼鳍能帮助提塔利克鱼拖拽身体在陆地上移动。

潘氏鱼

潘氏鱼是另一种古老的肉鳍鱼类，但它们只生活在水中。由于它们具有鱼和四足动物（四肢动物）的过渡特征，有时被称为"鱼足动物"。

潘氏鱼

第一批提塔利克鱼化石于2004年被人们发现。

宽额蝾螈

宽额蝾螈是一种原始的蝾螈状两栖动物，体长达2米，是一种顶级捕食者。它们在水中和陆地上捕食猎物，生活方式与鳄鱼相似。

» 体长：2米
» 食性：肉食性
» 时代：三叠纪
» 分布：欧洲

游动时，一条宽大的尾巴从一边移到另一边，推动着这种巨大的两栖动物穿过水面。

它的四肢又小又弱。这会使它在陆地上的移动变得相当笨拙，所以宽额蝾螈只能在短时间内爬行。

两栖螈

两栖螈是另一种体形与现代蝾螈相仿的原始两栖动物。它们生活在石炭纪时期，当时栖息在茂盛的热带沼泽地。这种两栖动物可能是现代两栖动物祖先的近亲。

两栖螈

宽额蝾螈有数百颗锋利的牙齿，用来捕食鱼类和其他动物。

异齿龙

异齿龙是世界上第一个真正的大型陆地肉食动物，由于其外表很像恐龙，经常被误认为是恐龙。它们生活在恐龙时代之前的晚古生代，实际上与哺乳动物的关系比与爬行动物的关系更为密切。

» 体长：3.5米
» 食性：肉食性
» 时代：二叠纪
» 分布：欧洲、北美洲

异齿龙背部巨大的帆一方面具有展示作用，更为重要的是能够调节体温。帆由长骨支撑。

前面的大犬齿有助于撕碎大块的肉。

强壮的下颌肌肉通过眼窝后面的一个洞连接。人类也存在这一特征。

异齿龙的双腿能够支撑身体，故其腹部和尾部可以抬离地面。

相似的背帆

另一种与异齿龙一样带有背帆的史前动物是基龙，它是植食性的。和异齿龙不同，它的背帆上有许多尖刺状突起。

基龙

古巨蜥

古巨蜥是一种巨大的蜥蜴，它的大小是当今现存最大的蜥蜴科莫多巨蜥的两倍。早期人类活动可能是将这种动物推向灭绝的原因。

物种名片——古巨蜥

» 体长：7米
» 食性：肉食性
» 时代：第四纪
» 分布：澳大利亚

古巨蜥的牙齿是弯曲的，有锋利的刃，非常适合撕咬猎物。

古巨蜥是地球上出现的最大的蜥蜴。

巨大的史前袋鼠，很可能是古巨蜥的美食。

它的腿朝外，可能像现代蜥蜴一样左右移动。

古巨蜥体表覆盖着鳞片，而且鳞片上可能有图案。

椎骨化石（脊椎骨的一部分）——可以用来估计巨蜥的体长。

科莫多巨蜥

对现生科莫多巨蜥头骨和牙齿的研究表明，古巨蜥可能会像现代科莫多巨蜥一样，在咬伤猎物的同时注射毒液。这使得古巨蜥成为有史以来最大的有毒脊椎动物。

科莫多巨蜥

鱼龙类

鱼龙类是三叠纪时期出现的引人注目的海生爬行动物。许多鱼龙的体形与海豚相似，但它们属于完全不同的物种。鱼龙进化出了很多种类，包括第一批真正的大体形海洋动物。

大眼鱼龙的眼睛很大，有餐盘那么大。它出色的视觉可以帮助其在黑暗的深水中捕食猎物。

沙尼鱼龙

沙尼鱼龙是一种巨大的鱼龙，其体长是虎鲸的3倍。然而，在英国发现的另一种鱼龙的颌骨暗示这是一种比蓝鲸还大的海洋生物。

物种名片——沙尼鱼龙

» 体长：21米
» 食性：肉食性
» 时代：三叠纪
» 分布：北美

沙尼鱼龙的躯干比其他鱼龙要厚，并且可能没有背鳍。

物种名片——混鱼龙

» 体长：2米
» 食性：肉食性
» 时代：三叠纪
» 分布：亚洲、欧洲和北美洲

混鱼龙

混鱼龙是最早出现的鱼龙之一，也是已知的最常见的三叠纪鱼龙。它以鱼类为食，用它的鳍状肢控制游动方向。

和晚期的鱼龙不同，混鱼龙没有新月形的尾部。

它的下颌有数百颗锋利的尖牙，非常适合捕捉体表光滑的猎物。

大眼鱼龙

与许多后来出现的鱼龙一样，大眼鱼龙拥有典型的类似海豚的流线型身体，非常适合在水中高速游动，追逐鱼类和头足动物。

物种名片——大眼鱼龙

» 体长：5米
» 食性：肉食性
» 时代：侏罗纪
» 分布：欧洲和北美洲

狭翼鱼龙有一个弯曲的尾鳍，通过左右摆动尾鳍来推动自己前进。

鱼龙是地球上曾出现的最大的海生爬行动物。

狭翼鱼龙

在德国霍尔兹马登附近的采石场，人们发现了数以千计的狭翼鱼龙的化石。这种强壮的爬行动物能以每小时70千米的速度游泳。

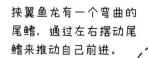

物种名片——狭翼鱼龙

» 体长：5米
» 食性：肉食性
» 时代：侏罗纪
» 分布：欧洲

鱼龙属

鱼龙属是鱼龙类动物中最早发现的属。很多早期鱼龙的化石是被古生物学家玛丽·安宁发现的。根据目前的研究可以确定，鱼龙是卵胎生的，而非卵生。

物种名片——鱼龙

» 体长：3米
» 食性：肉食性
» 时代：侏罗纪
» 分布：欧洲、北美洲

沧龙

最早发现的沧龙化石是18世纪末在荷兰一个采石场深处出土的巨大头骨。沧龙是一种巨大的海洋爬行动物，它的四肢呈鳍状，是史前海洋中致命的猎手。

» 体长：15米
» 食性：肉食性
» 时代：白垩纪
» 分布：亚洲、欧洲、北美

沧龙的鼻孔位于头顶，以便伸出水面呼吸空气。

一条长而扁平的和鲨鱼一样的尾巴帮助沧龙游泳。人们曾发现罕见的带有尾鳍轮廓的沧龙化石。

长达15厘米的锋利牙齿可以轻易地切割、咬碎猎物。

4个鳍状肢帮助沧龙在水中游泳时掌舵和转身。

沧龙的头骨上有一排排锋利的牙齿和强壮的下颌。

猎物的咬痕

人们发现了许多带有咬痕的菊石壳，这些壳上的咬痕与沧龙的牙齿相匹配。沧龙有锥形的牙齿，可以留下圆形的小孔，如右图所示。

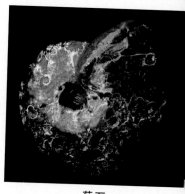

菊石

窈颈龙

窈颈龙是蛇颈龙的一种，属于薄板龙类。它们有很长的脖子，在海洋中游泳，但作为爬行动物，它们必须到水面上呼吸。人们在摩洛哥发现了窈颈龙的化石。

» 体长：7米
» 食性：肉食性
» 时代：白垩纪
» 分布：非洲

目前只发现了两具窈颈龙头骨化石。上图这块化石是在一个被压碎的头骨基础上仔细地修复出来的。

细长的牙齿非常适合捕鱼。

一些蛇颈龙的颈部有70多块颈椎骨，而人类只有7块！窈颈龙可能有多达60块颈椎骨。

窈颈龙的长脖子像长颈鹿一样。

4个桨状肢可以让蛇颈龙飞速地在水中游动。

上龙

虽然上龙看起来像沧龙，但它们与蛇颈龙的关系更为密切。像上龙这样的物种是顶级的海洋肉食动物。人们发现在一只上龙化石的胃里甚至有恐龙的遗骸。

上龙

恐鳄

这种体形超大的鳄鱼是白垩纪晚期最致命的掠食者之一。它可能是有史以来最大的鳄鱼，只有来自非洲和南美洲的巨鳄可以与之匹敌。

» 体长：10米
» 食性：肉食性
» 时代：白垩纪
» 分布：北美洲

它将鼻子和眼睛伸出水面，小心翼翼地跟踪猎物。

一条强壮有力的尾巴能够帮助恐鳄蹿出水面，向猎物猛扑过去。

恐鳄有着巨大的圆锥形牙齿和强有力的下颌，可以咬碎骨头，从猎物身上撕下大块的肉。

现存最大的鳄鱼是咸水鳄，它可以长到6米长。

恐鳄的四肢短粗有力，可以支撑身体从水中爬上岸。

伏击猎手

在水下潜伏，等待着完美的攻击时机——恐鳄是一个完美的伏击猎手。它能捕食包括恐龙在内的各种猎物。其捕猎的方式是将猎物拖下水使其溺亡，然后进食。

恐鳄袭击艾伯塔龙。

泰坦巨蟒

泰坦巨蟒是一种史前蛇类，其长度是现生最大的蛇类之一——绿色水蟒的3倍。这种巨蟒的化石是在哥伦比亚的一个煤矿中发现的。

» 体长：14米
» 食性：肉食性
» 时代：古近纪
» 分布：南美洲

泰坦巨蟒是地球上出现的最长的蛇类。

尖利的向后倾斜的牙齿用来紧紧地抓住猎物，而灵活的下颌张开将猎物整个吞下。

泰坦巨蟒最粗可以达到1米。

泰坦巨蟒能用身子把猎物勒死。这种超级大蛇可能会捕食大鱼、海龟和鳄鱼。

泰坦巨蟒生活在大约6000万年前的热带沼泽和森林中，类似于今天的亚马孙雨林。

泰坦巨蟒的机器模型

一个由艺术家和工程师组成的团队制作了一个和实物等大的机器泰坦巨蟒，它是以真蛇的化石为模型的。它显示了泰坦巨蟒可能的移动方式。

翼龙

翼龙是一种奇异且迷人的爬行动物，是第一种进化出飞行能力的脊椎动物。它们像蝙蝠一样飞行，用来飞行的翼膜从手指伸展到腿部。最早的翼龙出现在三叠纪。

物种名片——南翼龙

- » 翼展：2.5米
- » 食性：肉食
- » 时代：白垩纪
- » 分布：南美

物种名片——风神翼龙

- » 翼展：10米
- » 食性：肉食性
- » 时代：白垩纪
- » 分布：北美洲

风神翼龙

风神翼龙站立时的高度堪比长颈鹿，张开双翼像一架小型飞机。这种巨大的翼龙可能会捕食各种猎物，甚至包括恐龙。

长得令人难以置信的脖子，或许可以帮助风神翼龙捕食。此外，它还用类似鹳的嘴抓住食物。

物种名片——翼手龙

- » 翼展：1.5米
- » 食性：肉食
- » 时代：侏罗纪
- » 分布：欧洲

许多翼龙，比如雷神翼龙，都有精致的头冠。

下颌上长满了针状的牙齿。

南翼龙

南翼龙是一种滤食动物，它用长而弯曲的喙从牙齿间的水中过滤小动物。它在浅水中捕猎，脚上有蹼，可以在湿地上行走。

物种名片——雷神翼龙

» 翼展：3米
» 食性：肉食性
» 时代：白垩纪
» 分布：南美洲

雷神翼龙

雷神翼龙的头冠是已知翼龙中最大的。头冠鲜艳的颜色可能是用来展示的。这种翼龙的化石都是在巴西发现的。

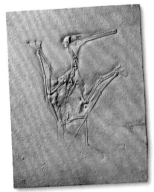

一些罕见的翼龙化石保存了其薄薄的翼膜形态。

物种名片——喙嘴龙

» 翼展：2米
» 食性：肉食性
» 时代：侏罗纪
» 分布：欧洲

长长的尾部末端有一个三角形的骨片，在飞行中用来掌控方向。

翼手龙

第一只被发现的翼龙属于翼手龙类。当它着陆时，它的翅膀向后折叠，这样它就可以用手和脚走路了。

喙嘴龙

目前已经发现100多具喙嘴龙化石，使其成为一种知名的翼龙。在喙嘴龙化石的胃中还发现了鱼骨，这应该是它最后的晚餐。

恐龙是什么

恐龙是中生代统治着世界的一类陆生爬行动物。虽然和其他爬行动物相似，但恐龙的骨骼在某些方面有所不同——恐龙的腿位于身体下方，而不是两侧。

施氏无畏龙

作为爬行动物，大部分恐龙身体表面具有坚硬的鳞片，但是少部分长有羽毛。

恐龙的腿位于身体的正下方。施氏无畏龙的4条腿像4根巨大的柱子一样支撑着它笨重的身体。

恐龙

地球上有许多不同类型的恐龙，从凶猛的兽脚亚目恐龙到巨大的蜥脚类恐龙。然而，所有的恐龙都有相似的特征，尽管它们看起来差异很大。

恐龙的分类

恐龙家族可以分为两类：蜥臀目恐龙——它们的臀部像蜥蜴；鸟臀目恐龙——它们的臀部像鸟。但令人困惑的是，鸟类是从蜥臀目恐龙进化而来的！

鸟臀目恐龙

人们熟悉的鸟臀目恐龙包括剑龙、甲龙、鸭嘴龙、肿头龙、三角龙等。

鸟臀目恐龙的腰带骨骼是四射形的，坐骨和肠骨指向后方。

楯甲龙

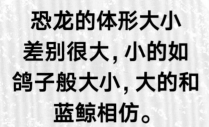

恐龙的体形大小
差别很大，小的如
鸽子般大小，大的和
蓝鲸相仿。

恐龙蛋

恐龙蛋有硬壳，但它们的形
状、大小和颜色各不相
同。世界上已知最古
老的恐龙蛋来自一种
名叫巨椎龙的蜥脚
类恐龙，这些恐龙
蛋化石是从南非
的侏罗纪岩石中
采集而来的。

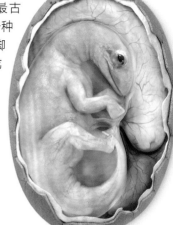

恐 龙 蛋

所有的恐龙都有爪
子。肉食性恐龙的爪
子锋利，用于捕食；
部分植食性恐龙也有
锋利的爪子，显然是
防御的利器。

大多数恐龙用尾巴来
保持平衡。施氏无畏
龙的防御方式是尾巴
从一边甩到另一边。

异 特 龙

蜥臀目恐龙

蜥臀目恐龙包括蜥脚类恐龙
（如梁龙、长颈巨龙）和兽脚类
恐龙（如霸王龙和异特龙）。

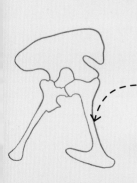

蜥臀目恐龙的坐
骨和肠骨指向不
同的方向，骨盆
形态是三射形。

曙奔龙

作为最早的恐龙之一，曙奔龙是早期兽脚类恐龙的代表。它属于肉食性恐龙，2011年人们在阿根廷发现了它的化石。

» 体长：1米
» 食性：肉食性
» 时代：三叠纪
» 分布：南美洲

曙奔龙头骨狭长，下颌上布满锋利弯曲的牙齿，能够捕食小型爬行动物。

曙奔龙骨架很轻，质量估计为5千克，和宠物猫差不多。

曙奔龙长长的前肢和锋利的爪子用于抓住猎物。

曙奔龙名字的含义是"黎明的奔跑者"。

长长的腿使其能够迅速地捕获猎物或逃避大型狩猎者捕食。

另一种早期的恐龙——始盗龙，虽然有些像曙奔龙，但它可能和蜥脚类恐龙关系更近。

埃雷拉龙

最早的恐龙

曙奔龙、始盗龙、埃雷拉龙这一批最早的恐龙生活在晚三叠世，大约在2.31亿年前。这些恐龙化石的发现可以帮助古生物学家更好地了解最早的恐龙是如何演化的。

剑龙

剑龙的背部有两排骨板，是最容易辨认的恐龙之一。尽管已经发现很多剑龙化石，但完整且保存完好的化石非常罕见。

» 体长：9米
» 食性：植食性
» 时代：侏罗纪
» 分布：欧洲、亚洲、北美洲

剑龙有一个小脑袋，其大脑差不多有一个李子大小。

剑龙的颈部、背部和尾部有两排菱形骨板，可能是用来展示的，但多数科学家认为这些骨板是用来调节体温的。

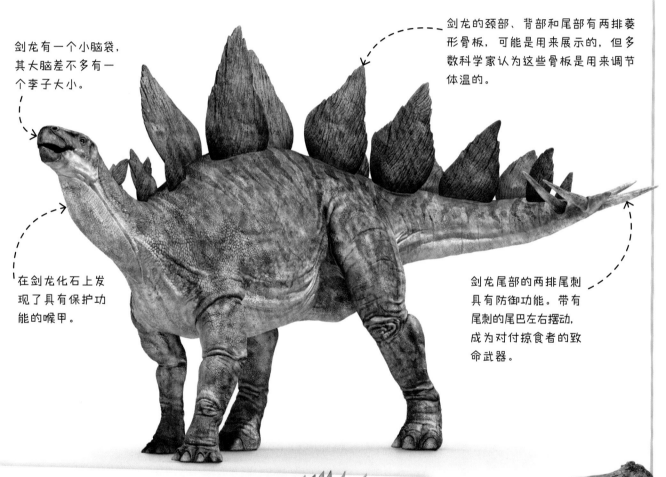

在剑龙化石上发现了具有保护功能的喉甲。

剑龙尾部的两排尾刺具有防御功能。带有尾刺的尾巴左右摆动，成为对付掠食者的致命武器。

剑龙类

剑龙是植食性恐龙，有盔甲状的骨板和防御性的尖刺。最早的剑龙出现在侏罗纪，来自中国的太白华阳龙是最古老的剑龙之一。

太白华阳龙

在异特龙骨骼化石上发现的圆孔和剑龙尾刺相匹配，说明剑龙能够给侵犯者致命一击。

伶盗龙

快速奔跑的伶盗龙是驰龙家族中的一员，有恐龙中的"猛禽"之称。虽然是一个凶悍的猎手，但是它仍是一种小型的兽脚类恐龙，它们可能群体狩猎。

» 体长：1米
» 食性：肉食性
» 时代：白垩纪
» 分布：欧洲、亚洲

长长的带有羽毛的尾巴用于保持身体平衡。

伶盗龙只有火鸡大小。

伶盗龙有弯曲的带有钩子的爪子，用于捕捉和杀死猎物。

尽管它还不会飞，但是它已经发育出了羽毛和像翅膀一样的前肢。

最后一搏

有一具迅猛龙的化石保存了一种特殊状态——生前最后一刻，它在攻击一只原角龙（和三角龙关系较近的恐龙）。然而它却遭到了这种植食性恐龙的强力还击——它的前肢被原角龙死死咬住了。

原角龙

这样的迅猛龙爪子化石采自蒙古戈壁。

恐手龙

1965年，古生物学家在蒙古戈壁沙漠中发现了一对长着巨大爪子的恐龙化石，这是首次发现恐手龙化石。这种奇特的恐龙与肉食性动物有亲缘关系，但它们却以植物为食。

» 体长：11米
» 食性：植食性
» 时代：白垩纪
» 分布：亚洲

恐手龙头骨较长，有一个圆滑的无牙喙，类似于鸭嘴。

一个巨大的驼峰似的帆状隆起使恐手龙看起来更大、更吓人，这可能阻止了捕食者的攻击。

在恐手龙化石中发现了胃石，这是为了帮助恐手龙磨碎食物。

它的尾巴末端可能有一个带有羽毛的扇形结构，可以用来展示，以吸引配偶。

恐手龙有很长的前肢和带有3个弯钩的爪子，用来摘取植物及防御捕食者。

"恐手"的意思是"可怕的爪子"，恐手龙得名于其长达2.4米的巨爪。

似鸟龙

恐手龙属于恐龙中的一个大家族——似鸟龙家族。似鸟龙，顾名思义"和（鸵）鸟类似"。它们一般为植食性或杂食性动物。此外，还包含恐龙中奔跑速度最快的似鸵龙。

似鸵龙

禽龙

禽龙是有史以来第二种被人们确认的恐龙。1825年，人们在英国的一个采石场发现了几颗禽龙牙齿。这种恐龙群居生活，用坚硬的喙和牙齿啄食植物。

» 体长：12米
» 食性：植食性
» 时代：白垩纪
» 分布：欧洲

禽龙可以四肢行走，也可以两足行走。两种姿势可以不断切换。

这种体形巨大的植食性恐龙有一个含有角蛋白的喙，这与现代鸟类喙的成分是一致的。

它有一个大拇指钉，是防御捕食者的武器。

这是禽龙前爪化石，可以看到右侧的拇指钉，它可以用来采集植物或者防御。

犀牛恐龙

人们发现的第一批禽龙化石是一些骨头和牙齿。由于没有完整的骨骼，古生物学家最初认为实为拇指钉的部分位于鼻子末端，有点像犀牛角。

英国伦敦水晶宫公园的早期禽龙雕塑

副栉龙

副栉龙是最容易辨认的恐龙之一，有着长长的骨质冠。美国犹他州的一名高中生发现了一具接近完整的副栉龙宝宝化石，幼年副栉龙的冠要比成年的小得多。

» 体长：10米
» 食性：植食性
» 时代：白垩纪
» 分布：北美洲

头冠是中空的，可能是用来发出小号般的声音或进行色彩展示的。

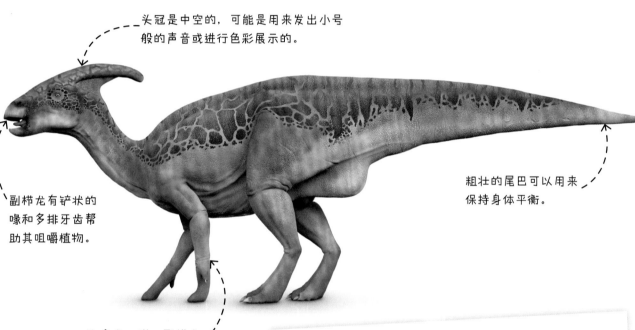

副栉龙有铲状的喙和多排牙齿帮助其咀嚼植物。

粗壮的尾巴可以用来保持身体平衡。

和禽龙一样，副栉龙既能用四足行走，也能用两足行走。

副栉龙的头冠是头骨的一部分，可能由一块皮瓣将其与颈部相连。

鸭嘴龙类

副栉龙是属于鸭嘴龙类的恐龙。许多鸭嘴龙，比如赖氏龙，有着形状奇特的头冠，这些头冠色彩鲜艳，可能是为了吸引配偶。

赖氏龙

蜥脚类恐龙

植食性蜥脚类恐龙有着长长的脖子和长长的尾巴，是所有恐龙中体形最大的一种。这类恐龙中包括地球上有史以来最大、最重的动物。

物种名片——马门溪龙

- » 体长：26米
- » 食性：植食性
- » 时代：侏罗纪
- » 分布：亚洲

阿马加龙

阿马加龙是蜥脚类恐龙中的"袖珍人"，但体长仍达10米。不同寻常的是，它们的脖子和背部有两排高大的刺。

物种名片——阿马加龙

- » 体长：10米
- » 食性：植食性
- » 时代：白垩纪
- » 分布：南美洲

长刺很可能是用来展示和防御的。

梁龙

梁龙是有史以来最长的恐龙之一。第一批梁龙化石于1877年在美国科罗拉多州被人们发现。它们生活在开阔的林地里。

物种名片——梁龙

- » 体长：26米
- » 食性：植食性
- » 时代：侏罗纪
- » 分布：北美洲

梁龙长钉状的牙齿像耙子一样，用来从树枝上剥下叶子。

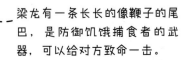

梁龙有一条长长的像鞭子的尾巴，是防御饥饿捕食者的武器，可以给对方致命一击。

像其他蜥脚类恐龙一样，马门溪龙的颈部骨骼内有气穴，这使得它们的体重更轻。

马门溪龙

古生物学家已经在中国发现数种马门溪龙骨架。这是脖子最长的恐龙之一，其颈部可以占体长的一半。

长长的脖子能使长颈巨龙吃到其他恐龙够不到的树叶。

长颈巨龙

长颈巨龙头部距离地面12米，比大多数恐龙都高，是有史以来最高的恐龙之一。它的脖子很长，前肢也很长。

物种名片——长颈巨龙

» 体长：22米
» 食性：植食性
» 时代：侏罗纪
» 分布：非洲

阿根廷龙

阿根廷龙比12头成年大象重，是陆地上出现的最重的植食性动物。尽管发现了许多大型蜥脚类恐龙，但古生物学家仍然认为阿根廷龙是最大的。

阿根廷龙是陆地上生存过的体长最长的动物。

物种名片——阿根廷龙

» 体长：35米
» 食性：植食性
» 时代：白垩纪
» 分布：南美洲

北方甲龙

2011年，加拿大艾伯塔省矿工发现了迄今为止保存最完好的甲龙之一。它被命名为北方甲龙。化石保存得如此之好，简直像恐龙睡着了一样！

» 体长：5.5米
» 食性：植食性
» 时代：白垩纪
» 分布：北美洲

罕见的皮肤化石告诉人们这种甲龙的表皮铠甲是棕红色的，往腹部颜色逐渐变浅。

一排排角质铠甲覆盖体表，使得掠食者无从下口。

一对长且具有威胁性的肩胛刺可能是用来阻止捕食者的攻击的，也可能是用来吸引配偶的。

甲龙类

甲龙是一种全身武装重甲的恐龙，最早出现在侏罗纪。一些甲龙（如包头龙）的尾部带有尾锤，是犀利的防御武器。

包头龙

这是世界上唯一已知的北方甲龙的化石，从化石可以看出其铠甲的细节。

肿头龙

肿头龙得名其"厚厚的头骨"。肿头龙是已知的肿头龙目中最大的一种，它们的头骨都非常厚，骨质丰富。它们有咀嚼植物的牙齿，但有证据表明它们可能也吃过肉。

» 体长：5米
» 食性：植食性（也可能吃肉）
» 时代：白垩纪
» 分布：北美洲

厚实的半球形头颅被尖刺包围着。这些尖刺很可能是用来攻击对手的。

肿头龙身体宽大，肉厚。如果从侧面攻击，其皮肤和肌肉可以很好地保护内脏。

长而硬的尾巴帮助肿头龙用两腿行走时保持平衡。

其坚硬的喙用于抓取枝叶、种子和果实。

目前还没有发现完整的肿头龙化石。

化石显示，这个圆顶的头骨非常结实，可能有25厘米厚。

大角羊

角斗

许多现生动物，比如大角羊，为了证明自己的力量和吸引配偶，会互相撞头角斗。亿万年前，肿头龙很可能也有这样的角斗，当它们碰撞在一起时，它们颅骨内的海绵状骨头可以化解碰撞的冲击力。

三角龙

第一具三角龙化石于1887年被人们发现，最初被误认为一种史前巨型野牛的化石。三角龙是最后一种有角恐龙，在白垩纪末期灭绝。

» 体长：9米
» 食性：植食性
» 时代：白垩纪
» 分布：北美洲

三角龙带褶边的颈盾用于防御及展示。

三角龙得名于其长有三个角的脸，三个角分别是两个额角和一个鼻角。

三角龙用它鹦鹉一样的喙来收集坚硬的植物，这些植物可以被其数百颗牙齿咬碎。

三角龙身躯庞大，体重相当于4头成年犀牛。

三角龙的头骨长约2.5米，是有史以来头部最大的陆地动物之一。

五角龙

五角龙有一个巨大的带皱褶边的颈盾，比三角龙的长得多。它有5个角，而不是3个，有两个小角在它的脸颊部位。它的名字突出了其"五角脸"的特点。

五角龙

鹦鹉嘴龙

鹦鹉嘴龙和三角龙属于同一目恐龙，即鸟臀目。在中国，人们发现了一具奇特的鹦鹉嘴龙化石，它的部分皮肤被保存下来，这让科学家们能够弄清楚它是什么颜色的。

» 体长：2米
» 食性：植食性
» 时代：白垩纪
» 分布：亚洲

与其他角龙不同，鹦鹉嘴龙没有额角。它的脸两边各有一个颊角。

它的背部末端和尾巴上有一丛羽毛状的刚毛，可能是用来展示的。

鹦鹉嘴龙有一个鸟一样的喙。看它的名字就知道它有"像鹦鹉的嘴"。

年轻的鹦鹉嘴龙可能用全部4条腿走路，而成年鹦鹉嘴龙用后腿走路。

鹦鹉嘴龙的头骨化石显示，它的牙齿隐藏在喙的后面。

隐藏

鹦鹉嘴龙的皮肤显示，其身体的上部是深色的，下部是浅色的，这就是反荫蔽。它有助于动物在太阳的照射下融入周围的环境，起到保护自己的作用。现代汤氏瞪羚就是这样的。

汤氏瞪羚

霸王龙

霸王龙名字的字面意思是"暴君蜥蜴"，它可能是所有恐龙中最著名的。这种强大的捕食者占据了食物链的顶端，体重超过一头成年非洲象。目前已经发现了50多具霸王龙骨骼化石，其中有近乎完整的个体。

» 体长：13米
» 食性：肉食性
» 时代：白垩纪
» 分布：北美洲

霸王龙体表可能覆盖着坚硬的鬃毛。

霸王龙的眼睛向前，视力极佳。

霸王龙是当时陆地上最大的掠食者。

满嘴牙齿，总数超过50颗。尖利的牙齿可以咬碎坚硬的骨头。

它短而有力的前肢末端长有一对弯曲的爪子。

一些霸王龙的牙齿可以长到一根香蕉的长度。

可怕的头骨

霸王龙的下颌上附着了强壮的肌肉。这些肌肉为它提供了非常强大的咬合力——大约是短吻鳄的10倍。

霸王龙头骨模型

棘龙

棘龙是迄今为止发现的最大的肉食性恐龙，也是最不寻常的恐龙之一。它们的背上有一个高帆和一条鳍状的尾巴。它们既可以在陆地上生活，也可以在河流和湖泊中游泳。

» 体长：16米
» 食性：肉食性
» 时代：白垩纪
» 分布：非洲

像鳄鱼一样长着尖牙，表明棘龙吃鱼。

高帆由硬骨支撑。它也许可以帮助棘龙调节体温，让它看起来更具威慑力，还有吸引配偶的作用。

每个前肢末端有3个长而弯曲的爪子，可能用来把鱼从水里抓出来，或者进行搏斗。

棘龙以大型鱼类为食，甚至会吃如轿车大小的鱼。

帆鳍蜥蜴

研究现代动物可以帮助我们了解史前动物。雄性菲律宾帆鳍蜥蜴背部有帆，有点像棘龙。它还有一条鳍状的尾巴，有助于它游泳。

菲律宾帆鳍蜥蜴

白垩纪末期的撞击事件

大约6600万年前，一颗巨大的小行星撞击了地球，据推测它的直径可达16千米。它撞击地球的力量非常巨大，毁灭了地球上的大部分生命，并使恐龙时代戛然而止。

这次撞击使得地球上四分之三的生命消失。

直接的撞击导致了巨大的海啸和难以忍受的热浪，因撞击形成的碎片被抛向空中。

撞击区附近的恐龙和其他动植物在几秒钟内就被毁灭了。滚烫的岩石和灰尘笼罩着天空，引发了森林大火。

这次撞击形成的陨石坑就是希克苏鲁伯陨石坑，直径160千米。如今它隐藏在墨西哥尤卡坦半岛地下。

一个时代的终结

这次致命的撞击引发了有史以来最严重的大规模灭绝事件之一。大量的生物被杀死，所有大型陆地动物都消失了，唯一幸存下来的是那些能够找到栖身之所和适应环境的动物。

长期主宰天空的翼龙，由于小行星撞击地球而灭绝。

最后的大型恐龙，如三角龙、霸王龙，灭绝了。然而，有一类恐龙幸存下来了，这就是很快适应了新环境的鸟类。

统治海洋的蛇颈龙和沧龙也灭绝了。

始祖鸟

第一具始祖鸟的骨骼化石于1861年在德国索伦霍芬被人们发现。它兼具爬行动物和鸟类的特征，特别是有鸟类的羽毛，故是第一具将恐龙和鸟类联系在一起的化石。始祖鸟被誉为古生物学最重大的发现之一。

» 体长：50厘米
» 食性：肉食性
» 时代：侏罗纪
» 分布：欧洲

始祖鸟翅膀上有爪，可以帮助它攀爬、抓握树枝。

和现代鸟类不同，这种鸟和恐龙一样，嘴里有很多细小、尖利的牙齿。

始祖鸟能够飞行，但飞行能力不太好。它可以从一棵树滑翔到另一棵树上觅食。

对始祖鸟羽毛中保留的色素体的研究表明，这种古生物至少有部分羽毛是黑色的。

中华龙鸟

羽毛颜色

科学家现在可以从含有色素的皮肤和羽毛化石中复原一些恐龙的颜色。例如，中华龙鸟有一条橙色和白色条纹的尾巴，背部颜色较深，腹部颜色较浅。

目前人们已经发现了11具始祖鸟化石，其中一些标本罕见地保存了翅膀部位的细节。

恐鹤

恐鹤是它所在的时代的一种顶级掠食大鸟。它是一种不能飞的鸟类，其名字的字面意思是"恐怖的鸟"。它能捕食很多大型猎物，包括像狗大小的马。它大多采取伏击的战术。

» 身高：2.5米
» 食性：肉食性
» 时代：新近纪
» 分布：南美洲

它的翅膀很小，但它有钩状的爪子，可以在贴身搏斗中使用。

恐鹤奔跑速度最高可以达到50千米/时。

恐鹤用尖利的喙啄食猎物，最终将其撕成碎片。

令人生畏的头骨化石

恐鹤有一个60厘米长的巨型头骨，与猛禽相似。其上喙的顶端有一个尖锐的钩状点，用来撕碎肉。

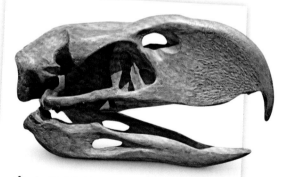

长而有力的双腿使其成为可以飞奔的猎手。

它巨大而锋利的爪子是致命的武器，可以踢伤猎物甚至同类。

大带齿兽

在恐龙统治地球的年代，早期的哺乳动物生活在恐龙的阴影下。这种和鼩鼱体形相仿的动物叫大带齿兽，它们能够在地面奔跑，还可以爬上树。它们可能是最早的一批哺乳动物，至少是与哺乳动物关系密切的动物。

» 体长：10厘米
» 食性：肉食性
» 时代：侏罗纪
» 分布：非洲、欧洲

大带齿兽可能是夜行性动物，它们会在天黑后出来活动。

一层蓬松的皮毛阻止了身体热量的散失，使大带齿兽保持身体的温度。

锋利的牙齿用于捕食黏糊糊的蠕虫、松脆的昆虫甚至小蜥蜴。

科学家不确定大带齿兽是具有一条长毛的尾巴，还是一条类似现代老鼠的尾巴。

针鼹的蛋

卵生的哺乳动物

大带齿兽可能会产下革质蛋。这种不寻常的特征出现在一类现代哺乳动物——单孔动物中，其中包括鸭嘴兽和针鼹。大带齿兽可能会为宝宝哺乳。

铲齿象

铲齿象是一种外形奇特的古象，俗称"铲牙者"。它们的下颌有铲子一样的长牙，但这些长牙不是用来挖掘的，而是用来剥树皮和切碎坚硬的植物的。

» 体长：3米
» 食性：植食性
» 时代：新近纪
» 分布：非洲、亚洲、欧洲、北美洲

最大的铲齿象比现代非洲象体形略小一些。

和现代象类一样，铲齿象的鼻子也有多种用途，包括进食和饮水。

化石显示雄性的上牙比雌性的长得多。

不寻常的扁平的下牙从长长的下颌凸出来。

这是一头雌性铲齿象的头骨化石，其上牙较短。

恐象

还有一种古象，称为恐象。恐象没有上牙，但有一对向下和向后弯曲的下牙。这些牙可能是用来拉下树枝的，以便它们吃到树叶。

恐象

冰河时期

冰河时期是地球温度急剧下降的时期，大量的水在陆地上结冰。地球经历了许多冰河时期，每一个冰河时期都持续了数百万年。

7亿年前，几乎整个地球都被冰覆盖，被人们称为"雪球地球"。

在上一个冰河时期的顶峰，巨大的冰原覆盖了北半球的大部分地区。

短面熊

冰河时期

末次冰川期，也就是我们熟悉的这个冰河时期，在21 000年前到达顶峰。但和我们的想象不同，冰河时期的气温不是总低于0℃的。如今我们仍然处于大冰河时期一个小间冰期。不过，现阶段地球上的其他地区已经足够温暖，只有两极被冰覆盖。

冰河时期的动物

为了在冰河时期生存，动物需要适应低温环境。当然，在海洋被冰冻，海平面下降时，出现了不同陆地板块间的迁移路径，"允许"很多动物"远走高飞"到达新的地方。

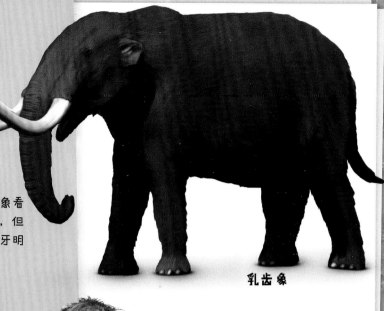

乳齿象

猛犸和乳齿象看起来很相似，但乳齿象的长牙明显更直。

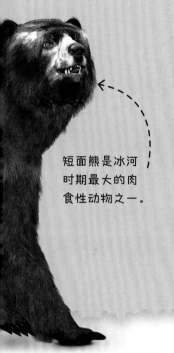

短面熊是冰河时期最大的肉食性动物之一。

腔齿犀

腔齿犀（或称披毛犀）有一层皮毛可以保持身体的温度。

猛犸草原

被称为猛犸草原的大片开阔的草原，是冰河时期动物的重要栖息地。在这里，有庞大的草食动物群，包括猛犸、野牛，还有剑齿虎这样的肉食性动物。此外，还有早期的人类。

俄罗斯的乌科克高原环境与猛犸草原相似。

大角鹿

体形巨大的大角鹿是古人类猎杀的目标之一，大约在 8 000年前灭绝。大角鹿的化石是人们从成千上万的同时期动物化石中辨认出来的。这种动物的特点是其巨大的角。成年雄鹿的角的宽度堪比其体长。

» 体长：3.5米
» 食性：植食性
» 时代：第四纪
» 分布：亚洲、欧洲

大角鹿是历史上出现的体形最大的鹿类。

雄鹿可能会用鹿角作为武器与其他雄鹿争夺配偶。

强壮的四肢使得大角鹿能够长时间快速奔跑。

驼鹿

驼鹿

驼鹿是如今体形最大的鹿，鹿角宽达2米。雄性驼鹿每年会再生鹿角。

大角鹿巨大的鹿角是由骨头组成的。鹿角每年都会脱落并重新生长。

猛犸

并不是所有猛犸的体表都长有长毛，并且生活在冰天雪地里。但是，长毛猛犸却具有上述特征。根据化石记录可知，在古埃及人建造吉萨金字塔时，最后一批猛犸还存活着。

» 体长：4米
» 食性：植食性
» 时代：第四纪
» 分布：亚洲、欧洲、非洲、北美洲

在冰河时期，古人类用猛犸的骨骼建造房屋。

在冰河时期极其严寒的环境中，厚厚的皮肤和体表的长毛能够帮助猛犸经受住严寒，生存下来。

巨大的象牙实际上是向内弯曲的超长门齿。象牙用来打斗和挖掘。

和现代象类一样，猛犸有一个很长的鼻子，用于觅食。

长毛猛犸的尾巴很短，不容易被冻伤。

冰封的猛犸遗体

人们在冻土层中发现了大量冰封的猛犸遗体，有的很好地保存了肌肉和皮肤，甚至包括它们的最后一顿晚餐，并且还发现了猛犸腹部正在吸奶的幼年猛犸遗体。

冰封的幼年猛犸遗体。

剑齿虎

剑齿虎得名于其像短剑一样的犬齿。它的"剑齿"从上颌长出来，用来刺穿猎物的肌肉。剑齿虎捕猎可能采用出其不意的伏击方式。

» 体长：2米
» 食性：肉食性
» 时代：第四纪
» 分布：南美洲、北美洲

剑齿虎颈部和四肢的肌肉强健，能够帮助它抓住挣扎的猎物。

和现代大型猫科动物不同，一些剑齿虎的尾巴很短。

犬齿的尖端非常锐利，能够刺穿猎物的肌肉。

袋剑齿虎

尽管看起来像一只大猫，但是袋剑齿虎不是猫科动物。它是有袋类动物。它的下颌有一个骨质的延伸结构，可能有助于保护它的犬齿。

袋剑齿虎

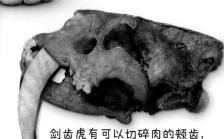

剑齿虎有可以切碎肉的颊齿，它是严格的肉食性动物。

雕齿兽

雕齿兽的大小和小轿车差不多，但是其体形却像一辆小坦克。它的身体由一个圆形壳体保护，壳体上覆盖着上千块呈瓦状排列的骨片。这厚厚的铠甲是抵御肉食动物，特别是带有剑齿的大型猫科动物的武器。

» 体长：3.5米
» 食性：肉食
» 时代：第四纪
» 分布：南美洲、北美洲

雕齿兽的磨齿用来磨碎坚硬的植物。

雕齿兽的铠甲很厚，重约2.2吨。

带有重甲的尾巴上布满了骨环。

一种被称为"骨真皮"（osteoderms）的坚固的骨质瓦片，构成了雕齿兽大约2.5厘米厚的壳。

犰狳

雕齿兽与现代犰狳有亲缘关系。犰狳也有坚硬的外壳，有些甚至可以滚动成一个球来保护它们柔软的腹部。

巴西三带犰狳

恐狼

犬科动物是一类和狗类似的肉食性动物的统称。恐狼，即"恐怖的狼"，是冰河时期彪悍的猎手和食腐动物。它与剑齿虎生活在同一时期，甚至还与剑齿虎发生过激烈的争斗。

» 体长：1.5米
» 食性：肉食性
» 时代：第四纪
» 分布：北美洲

敏锐的嗅觉可以帮助这只可怕的恐狼追踪猎物，并提醒它注意来自其他动物的任何危险。

巨大的牙齿和肌肉发达的颌用来咬住猎物。

它的腿比大多数现代狼的腿都粗壮，而且略短，这意味着它可能没有现代狼跑得快。

和现代灰狼相比，恐狼体形略大，体重也高出25%。

洛杉矶拉布雷亚沥青坑

大约1万到5万年前，很多动物被困在美国加利福尼亚州拉布雷亚沥青坑黏稠的焦油中。令人惊讶的是，在这个重要的化石地点，发现了20多万只恐狼的残骸。

气体在黏稠的焦油中产生气泡。

大地懒

大象大小的大地懒是有史以来最大的树懒，也是南美洲有史以来最大的陆地哺乳动物。与现代树懒不同的是，这种巨大的动物是一种挖掘巨大洞穴并生活在其中的地面树懒。

» 体长：6米
» 食性：植食性
» 时代：第四纪
» 分布：南美洲

一些地面树懒有深棕色或浅棕色的皮毛，因为人们在洞穴深处发现了它们的残骸。

巨大的爪子用于挖掘地下洞穴。人们发现了许多被动物挖掘出的洞穴遗迹，其上的爪痕与大地懒的爪印相符。

当它直立起身体吃树梢上的叶子和果实时，那条又短又重的尾巴有助于支撑它庞大的身体。

树懒

现代树懒生活在树上，分布在中、南美洲的热带雨林中。与远古的亲戚——大地懒相比，现生树懒很小，质量很少超过5千克。

三趾树懒

1832年，英国科学家查尔斯·达尔文最早在阿根廷发现了一些大地懒化石。

早期的人类

今天的我们属于人类演化的最高阶段——智人阶段，也是700万年前从非洲猿类分化出的灵长目唯一幸存的后代。研究不同时期古人类的化石有助于我们了解人类的演化历史。

人类的演化

现代人类是从古猿演化出的10个以上支系中的一支。在人类演化历史上存在几种人类共存的情况。

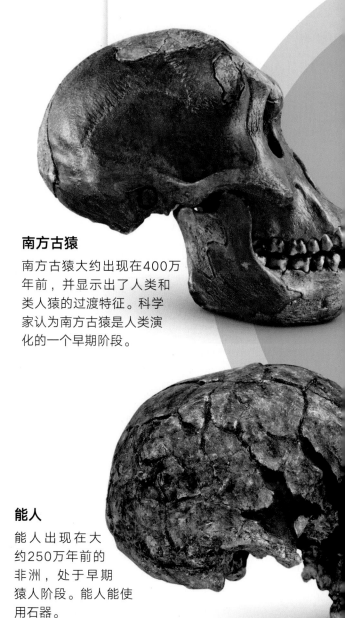

学习直立行走

早期人类进化的一个主要转折点是能够用两条腿直立行走。这意味着他们不必再住在树上，并且发展出了奔跑的能力——这在狩猎和躲避天敌时变得至关重要。

南方古猿是早期能够直立行走的古人类之一。

南方古猿

南方古猿大约出现在400万年前，并显示出了人类和类人猿的过渡特征。科学家认为南方古猿是人类演化的一个早期阶段。

能人

能人出现在大约250万年前的非洲，处于早期猿人阶段。能人能使用石器。

智人

现代人类属于智人，在20万到30万年前在非洲起源进化。较大的大脑使现代人能够解决复杂的问题，并在社会群体中共同工作。

使用工具

更大的大脑意味着早期人类智慧的提升，他们学会了制造和使用工具。最早的石器大约出现在250万年前。这些石器可以帮助早期人类猎杀、捕获和切割猎物。

手斧（复制品）

尼安德特人

尼安德特人大约在4万年前消失，但是有证据表明一些尼安德特人和智人交配并生下了后代。

直立人

直立人大约出现在200万年前。化石显示这个人类物种生活在非洲、亚洲和欧洲，其身高接近智人。

古人类完成的岩画中出现了一些已经灭绝的史前动物，如猛犸。

灭绝

当一个物种的个体全部死亡以后，这个物种就被认为灭绝了，并且永远消失了。灭绝的发生可能有几个原因，包括全球灾难性事件，比如小行星撞击地球、气候变化、人类猎杀、海平面上升和栖息地丧失。

化石证据表明，猛犸是被早期人类猎杀而灭绝的。他们吃猛犸的肉，用猛犸的骨头制作工具和建造房屋。

猛犸抵御攻击的主要武器是它弯曲的巨大獠牙，可以给袭击者致命一击。

通过集体合作，早期人类甚至成功地猎杀了最大的陆地哺乳动物，比如长毛猛犸。

最近的大灭绝

人类是地球上最致命的捕猎者之一，人类活动已经导致许多动物灭绝。如今，包括黑犀牛和婆罗洲红毛猩猩在内的物种都面临灭绝的危险——除非它们得到帮助。

塔斯马尼亚虎，也称袋狼，是一种类似狼的有袋动物。在被过度捕猎和它们的栖息地被破坏后，最后一只塔斯马尼亚虎于1936年死亡。

恐鸟是生活在新西兰的一种大型但不会飞的鸟类。当人类来到新西兰后开始大肆捕杀，不到500年就使其灭绝了。

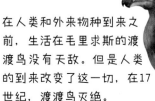

在人类和外来物种到来之前，生活在毛里求斯的渡渡鸟没有天敌。但是人类的到来改变了这一切，在17世纪，渡渡鸟灭绝。

小结

本书中仅仅展示了人们目前已经发现的数千种史前动植物的一部分。在这里，你可以找到书中所展示的一些古生物的复原图，以及它们的名字。

南洋杉
P18

威氏苏铁
P19

星木
P20

肋木
P20

封印木
P21

鳞木
P21

登普斯基蕨
P22

木兰
P23

狄更逊水母
P26

怪诞虫
P27

副角尾虫
P28

奇虾
P29

日射珊瑚
P30

海百合
P31

板足鲎
P32

中鲎
P33

菊石
P34

箭石
P35

节胸动物
P36

巨脉蜻蜓
P37

邓氏鱼
P38

头甲鱼
P39

旋齿鲨
P40

巨齿鲨
P41

提塔利克鱼
P44

宽额蝾螈
P45

异齿龙
P46

古巨蜥
P47

沙尼鱼龙
P48

混鱼龙
P48

| 大眼鱼龙 P49 | 狭翼鱼龙 P49 | 鱼龙属 P49 | 沧龙 P50 | 窃颈龙 P51 | 恐鳄 P52 | 泰坦巨蟒 P53 | 风神翼龙 P54 |

| 南翼龙 P55 | 雷神翼龙 P55 | 翼手龙 P55 | 喙嘴龙 P55 | 曙奔龙 P58 | 剑龙 P59 | 伶盗龙 P60 | 恐手龙 P61 |

| 禽龙 P62 | 副栉龙 P63 | 阿马加龙 P64 | 梁龙 P64 | 马门溪龙 P65 | 阿根廷龙 P65 | 长颈巨龙 P65 |

| 北方甲龙 P66 | 肿头龙 P67 | 三角龙 P68 | 鹦鹉嘴龙 P69 | 霸王龙 P70 | 棘龙 P71 | 始祖鸟 P74 | 恐鹤 P75 |

| 大带齿兽 P76 | 铲齿象 P77 | 大角鹿 P80 | 猛犸 P81 | 剑齿虎 P82 | 雕齿兽 P83 | 恐狼 P84 | 大地懒 P85 |

词汇表

孢子
一些植物和真菌的微小生殖器官。

保存
保持某事物的状态，使其免遭破坏。

冰河时期
全球气温相对较低，地球大面积被冰原覆盖的一段时间，以第四纪尤为显著。

哺乳动物
热血的高等脊椎动物，能够用乳汁哺乳后代，猫、狗，包括人类在内，都属于这一大类动物。

代
地质年代的时间单位，代下面包含不同的"纪"。

构造板块
地球表层的巨大岩石圈块体。板块漂浮在熔融的软流圈上，相互移动、碰撞和滑动。

古生物学家
通过研究化石来研究地球上的生命演化的科学家。

化石
远古生命留在地层中的遗体或遗迹。

脊椎动物
有内骨骼（如头骨、脊椎骨）支撑身体的高等动物，包括鱼类、两栖类、爬行类、鸟类和哺乳类。

纪
地质年代的时间单位，若干"纪"构成"代"。

甲龙
一类植食性恐龙，带有厚重的铠甲，有的带有尾锤。

剑龙
一种植食性恐龙，背部有两排骨板，尾部有两排尾刺。

角龙
一种以植物为食的恐龙，通常有巨大的角和骨性的颈盾，如三角龙。

节肢动物
无脊椎动物中的一大类，有外骨骼和分节的身体。三叶虫、蜘蛛、昆虫都属于该类动物。

进化
一个物种与环境相互作用，演化成另一个物种的过程。

菊石
一种海洋无脊椎动物，属于头足纲，和章鱼、乌贼类似。菊石出现在古生代，在整个中生代繁盛。

恐龙
一类在三叠纪出现，并在整个中生代统治地球的爬行动物，其腿位于身体的下方。

两栖动物
一种冷血的脊椎动物，能够在水中和陆地上生活。但是，其产卵要在水中完成，幼体有一个变态发育过程。现生的青蛙和蝾螈属于该类动物。

猎物
被其他动物捕食的动物。

掠食者
以捕食其他动物为生的动物。

灭绝
一个物种的所有个体死亡，没有后代留下。造成灭绝的原因有很多，如人类猎杀或栖息地丧失。

鸟臀类恐龙
一类植食性恐龙，其臀部和鸟类类似，以鸭嘴龙类为代表。该类恐龙有的四足行走，有的两足行走。

鸟类
一种温血的脊椎动物，具有羽毛和喙，能产下硬皮蛋。这类动物是由恐龙进化而来的。

爬行动物
一类有鳞的冷血脊椎动物，例如乌龟、鳄鱼、蜥蜴。该类动物往往到陆地上产卵。

球果
圆锥状植物结构，含有生殖孢子、花粉或种子。

三叶虫
一类生活在古生代的无脊椎动物，其身体可以分为头甲、胸甲、尾甲，并由此而得名。

色素
使动物或植物呈现一定颜色的天然化学物质。

肉食动物
以其他动物为食的动物，是肉食性动物。

授粉
花粉从一朵花转移到另一朵花，以便产生种子。传粉主要通过携带花粉的动物、人类的行为或自然中的其他介质完成。

兽脚类恐龙
一类具有尖利爪子的恐龙，通常为肉食性（例如霸王龙），但其中少数种类属于植食性或杂食性。该类恐龙是鸟类的祖先。

四足动物
具有四肢的脊椎动物，包括两栖类、爬行类、鸟类、哺乳类。

无脊椎动物
没有内骨骼的动物，如原生动物、腔肠动物、软体动物、棘皮动物、节肢动物。

蜥脚类恐龙
一类大型植食性恐龙，有长长的脖子和尾巴，以梁龙为代表。

小行星
绕着太阳运行的天体。大部分在太阳系内被发现。

夜行性动物
在夜间活动的动物。

翼龙
一种能够飞的爬行动物，也是最早飞向蓝天的脊椎动物。

有袋动物
腹部有育儿袋的哺乳动物，例如袋鼠。

鱼类
一种冷血的生活在水中的脊椎动物，用鳃呼吸，也是所有陆生四足脊椎动物的祖先类群。

鱼龙
一种海洋爬行动物，体形类似于海豚。最早出现在三叠纪。

原始的
进化或发展的早期阶段。

猿类
一种无尾灵长类动物。现代猿类包括猩猩、黑猩猩。

长牙
长而伸出嘴的牙齿，像大象这类动物就有长牙。

植食性动物
以植物为食的动物，是素食主义者。

肿头龙
一种带有厚厚头骨的植食性恐龙，用两足行走，属于鸟臀目。

种子
一些植物的生殖器官。种子通常是坚硬的，新的植物从中萌发。

索引

鸣谢

本书作者迪安·洛马克斯感谢娜塔莉·特纳审阅了这本书的第一版；DK出版公司感谢玛丽·格林伍德协助编辑；感谢贝蒂娜·米克尔布斯特·斯托夫内、彼得·米尼斯特和詹姆斯·库瑟提供插图；感谢西蒙·芒福德负责制图、卡罗琳·亨特负责校对和海伦·彼得斯负责索引。

原书出版商感谢以下人士和机构许可复制他们的照片：

(Key: a-above; b-below/bottom; c-centre; f-far; l-left; r-right; t-top)

2 Dorling Kindersley: Jon Hughes (bc). Dreamstime.com: Alexander Potapov (c). 4–5 Dreamstime.com: Supakit Kumwiwat (background). Science Photo Library: Lynette Cook. 5 Alamy Stock Photo: Jane Gould (cla); Science History Images / Photo Researchers (cra). 6 123RF.com: Corey A Ford (br). Alamy Stock Photo: Science Photo Library / Steve Gschmeissner (c). Dreamstime.com: Alexander Potapov (bl). 6–7 Dreamstime.com: Supakit Kumwiwat. 7 123RF.com: Corey A Ford (tr). Alamy Stock Photo: Nigel Cattlin (cb). Dorling Kindersley: James Kuether (ca). Science Photo Library: Claus Lunau (br). 8 Dreamstime.com: Mopic (tr). 8–9 Dreamstime.com: Supakit Kumwiwat. 9 Alamy Stock Photo: John Cancalosi (br); Universal Images Group North America LLC / DeAgostini (br). Dorling Kindersley: James Kuether (br). Dreamstime.com: Corey A Ford (tl). 10–11 Dreamstime.com: Supakit Kumwiwat. 11 Alamy Stock Photo: Derek Trask (tl). 12–13 Dreamstime.com: Supakit Kumwiwat (background). Science Photo Library: Dirk Wiersma. 13 Dorling Kindersley: Natural History Museum, London (cra). 14–15 Dreamstime.com: Supakit Kumwiwat. 15 Alamy Stock Photo: incamerastock / ICP (cra). Dorling Kindersley: Oxford University Museum of Natural History (tl). 16 Dreamstime.com: Johannesk (br); suriya silsaksom khunaspix@yahoo.co.th (tr). 16–17 Dreamstime.com: Supakit Kumwiwat. 17 123RF.com: Koosen (cra). Alamy Stock Photo: Don Johnston_WU (br). Dreamstime.com: Jolanta Dabrowska (tl); Irochka (c). Getty Images: Paul Starosta (tc). 18 Alamy Stock Photo: Dominic Jones (c). 19 Alamy Stock Photo: Hoberman Publishing (crb). Dorling Kindersley: Natural History Museum, London (tl). 20–21 Dreamstime.com: Supakit Kumwiwat. 21 Dorling Kindersley: Oxford Museum of Natural History (cr); Swedish Museum of Natural History (bc). 22 Dreamstime.com: Corey A Ford (bl). 23 Alamy Stock Photo: Zoonar GmbH (bl). Dreamstime.com: Alexander Potapov. 24 123RF.com: Corey A Ford (br). 24–25 Dreamstime.com: Supakit Kumwiwat. 25 123RF.com: Sebastian Kaulitzki (bc). Dorling Kindersley: Natural History Museum, London (ca). iStockphoto.com: Mark Kostich (cra). Science Photo Library: Jaime Chirinos (tr). 26 Alamy Stock Photo: Universal Images Group North America LLC / DeAgostini (clb); Dotted Zebra (cr). 27 Alamy Stock Photo: Eng Wah Teo (bc). Dreamstime.com: Planetfelicity (c). 28 Alamy Stock Photo: Jason Bazzano (br); Ivan Vdovin (bl). Science Photo Library: Walter Myers (c). 29 Dorling Kindersley: James Kuether (c). 30 iStockphoto.com: vlad61 (br). 31 Alamy Stock Photo: Wild Places Photography / Chris Howes (cra). Dr Dean Lomax: Bielefeld Natural History Museum (cb). Science Photo Library: Georgette Douwma (br). 32 Alamy Stock Photo: Stocktrek Images, Inc. / Nobumichi Tamura (cra). Dreamstime.com: Corey A Ford (br). 33 Dr Dean Lomax: Wyoming Dinosaur Center (crb). Dreamstime.com: Andriy Bezuglov (bc). 34 Dorling Kindersley: Oxford University Museum of Natural History (cra). Dreamstime.com: Eugene Sim Junying (br). 35 Shutterstock.com: Dan Bagur (br). 36 Dreamstime.com: Corey A Ford (cr). 37 123RF.com: Corey A Ford. Fotolia: Roque141 (cr). 38 Alamy Stock Photo: All Canada Photos / Stephen J. Krasemann (bl). 39 Alamy Stock Photo: Sabena Jane Blackbird (bl); Stocktrek Images, Inc. / Nobumichi Tamura (c); Nature Photographers Ltd / Paul R. Sterry (t). 40 Dorling Kindersley: Natural History Museum, London (bl). Dreamstime.com: Wrangel (br). Science Photo Library: Mikkel Juul Jensen (c). 41 Dorling Kindersley: Natural History Museum, London (bc). Dreamstime.com: Mark Turner (c); Willtu (bl). 42 Alamy Stock Photo: Science History Images / Gwen Shockey (cra). 42–43 Dorling Kindersley: James Kuether (c). Dreamstime.com: Supakit Kumwiwat. 43 Alamy Stock Photo: Paulo Oliveira (cl). Science Photo Library: Richard Bizley (tr). 44 Dorling Kindersley: James Kuether (cb). 45 Science Photo Library: Millard H. Sharp (br). 46 Alamy Stock Photo: Corbin17 (cl). Dorling Kindersley: James Kuether (br). 47 Dorling Kindersley: Natural History Museum, London (tr). Dreamstime.com: Anna Kucherova / Photomaru (br). 48 James Kuether: (cb). 48–49 Alamy Stock Photo: Science Photo Library / Mark Garlick (t). Dreamstime.com: Supakit Kumwiwat. James Kuether: (c). 50 Alamy Stock Photo: Phil Degginger (bl).

Mohamad Haghani (c). Science Photo Library: Sinclair Stammers (br). 51 123RF.com: Mark Turner (cr). Dorling Kindersley: Jon Hughes (br). Dr Dean Lomax: Wyoming Dinosaur Center (cl). 52 Alamy Stock Photo: National Geographic Image Collection (br). Dreamstime.com: Mikhail Blajenov / Starper (cla). 53 Alamy Stock Photo: Michael Wheatley / sculpture by Charlie Brinson (crb). Dreamstime.com: Mark Turner (c). 54 Dreamstime.com: Corey A Ford (tr). 54–55 Dreamstime.com: Supakit Kumwiwat. 55 Dorling Kindersley: Jon Hughes (br); Natural History Museum, London (cr). 56–57 Dreamstime.com: Supakit Kumwiwat. 58 Dreamstime.com: Leonello Calvetti (crb). 59 Dorling Kindersley: Natural History Museum, London (crb). 60 Science Photo Library: Dirk Wiersma (br). 61 Alamy Stock Photo: The Natural History Museum, London (br). Dreamstime.com: Linda Bucklin (cb). 62 Dorling Kindersley: Natural History Museum (clb). 63 Dorling Kindersley: Natural History Museum, London (bl). 64 123RF.com: Corey A Ford (cr). Dorling Kindersley: Senckenberg Gesellschaft Fuer Naturforschung Museum (cb). 64–65 Dreamstime.com: Supakit Kumwiwat. 66 James Kuether: (c). Image Courtesy of the Royal Tyrrell Museum, Drumheller, AB: (crb). 67 Alamy Stock Photo: Minden Pictures / Donald M. Jones (crb). Dorling Kindersley: Oxford Museum of Natural History (bl). 68 Dorling Kindersley: Natural History Museum, London (clb). 69 Dorling Kindersley: Greg and Yvonne Dean (br); James Kuether (br). 70 Alamy Stock Photo: Leonello Calvetti (c). Dorling Kindersley: American Museum of Natural History (br). 71 Dreamstime.com: Iakov Filimonov (br). 72–73 Alamy Stock Photo: Science Photo Library / Mark Garlick. Dreamstime.com: Supakit Kumwiwat (background). 75 Alamy Stock Photo: Andrew Rubtsov (clb). 76 Dorling Kindersley: Booth Museum of Natural History, Brighton (br). 77 Alamy Stock Photo: Stocktrek Images, Inc. / Nobumichi Tamura (c). Science Photo Library: Science Source / Millard H. Sharp (br). 78 Dorling Kindersley: NASA / Simon Mumford (bl). 78–79 Dorling Kindersley: James Kuether (c). Dreamstime.com: Supakit Kumwiwat. 79 123RF.com: Anton Petrus (bl). Alamy Stock Photo: Stocktrek Images, Inc. / Nobumichi Tamura (tr). Dorling Kindersley: Jon Hughes (br). 80 Alamy Stock Photo: Accent Alaska.com (crb). Dorling Kindersley: Natural History Museum, London (bc). Science Photo Library: Roman Uchytel (cb). 81 Alamy Stock Photo: Aflo Co. Ltd. / Nippon News (bc). 82 Dorling Kindersley: Natural History Museum, London (br). Dreamstime.com: Valentyna Chukhlyebova (br). 83 Alamy Stock Photo: BIOSPHOTO / Eric Isselee (br). Dorling Kindersley: Natural History Museum, London (bl). 84 Alamy Stock Photo: Martin Shields (br). Dreamstime.com: Maria Itina (bl). 85 Dreamstime.com: Seadam (bc). 86 Alamy Stock Photo: The Natural History Museum, London (br). Dorling Kindersley: Oxford Museum of Natural History (cr). Science Photo Library: Mauricio Anton (clb). 86–87 Dreamstime.com: Supakit Kumwiwat. 87 Dorling Kindersley: Natural History Museum, London (bl); Royal Pavilion & Museums, Brighton & Hove (cr). Science Photo Library: Paul Rapson (cla). 88–89 Dreamstime.com: Supakit Kumwiwat. 89 Depositphotos Inc: PhotosVac (cra). Dreamstime.com: Corey A Ford (br). 90 123RF.com: Corey A Ford (cb/Meganeura). Alamy Stock Photo: Dominic Jones (cla); Dotted Zebra (cl); Stocktrek Images, Inc. / Nobumichi Tamura (c). Dorling Kindersley: James Kuether (ca, bl/Tiktaalik). Dreamstime.com: Corey A Ford (cra, cb); Planetfelicity (cl/Hallucigenia); Mark Turner (bl). James Kuether: (br, br/Mixosaurus). Science Photo Library: Mikkel Juul Jensen (crb/Helicoprion); Walter Myers (cl/Paraceraurus). 90–91 Dreamstime.com: Supakit Kumwiwat. 91 123RF.com: Corey A Ford (c); Mark Turner (tc). Alamy Stock Photo: Leonello Calvetti (cb/T-rex); Science Photo Library / Mark Garlick (tl); Stocktrek Images, Inc. / Nobumichi Tamura (bl); Mohamad Haghani (cra/Mosasaurus). Dorling Kindersley: Jon Hughes (ca); James Kuether (tr). Dreamstime.com: Linda Bucklin (cra); Mark Turner (tr); Corey A Ford (cla); Valentyna Chukhlyebova (bc/Sabertooth). James Kuether: (clb). Science Photo Library: Roman Uchytel (bc). 92 123RF.com: Corey A Ford (tr). 92–93 Dreamstime.com: Supakit Kumwiwat. 94 Alamy Stock Photo: Ivan Vdovin (tc). Dorling Kindersley: Oxford University Museum

of Natural History (bl). 94–95 Dreamstime.com: Supakit Kumwiwat. 96 Brian Fernando: (br). Dreamstime.com: Supakit Kumwiwat.

Cover images: Front: Alamy Stock Photo: Leonello Calvetti crb; Dorling Kindersley: Oxford University Museum of Natural History tc; Dreamstime.com: Valentyna Chukhlyebova tl, Corey A Ford cb; Back: Alamy Stock Photo: dotted zebra cra/ (Dickinsonia), ca, Andrew Rubtsov tc; Dorling Kindersley: Jon Hughes cra, Oxford University Museum of Natural History c; Dreamstime.com: Alexander Potapov bc; Science Photo Library: Dirk Wiersma t. Spine: Dorling Kindersley: Oxford University Museum of Natural History t/ (Ammonite); Science Photo Library: Dirk Wiersma t.

Endpaper images: Front: 123RF.com: Mark Turner cb; Alamy Stock Photo: Leonello Calvetti fcl, Nigel Cattlin ca, dotted zebra c, Mohamad Haghani fcr, Stocktrek Images, Inc. / Nobumichi Tamura tc, Universal Images Group North America LLC / DeAgostini tl; Dorling Kindersley: Jon Hughes ftr; Dreamstime.com: Corey A Ford ftl, Alexander Potapov bl, Mark Turner fclb; Science Photo Library: Jaime Chirinos ca (Teratorn); Back: Alamy Stock Photo: All Canada Photos / Stephen J. Krasemann tr (Dunkleosteus), Corbin17 br, Phil Degginger ftl, Andrew Rubtsov fcla (Skull); Dorling Kindersley: American Museum of Natural History cb (T-rex), Natural History Museum clb, Natural History Museum, London tr, cr, fcla, bl, tc (Triceratops), tc (Megalania), cb, cb (Tooth), bc, Oxford University Museum of Natural History fclb, crb, Oxford University Museum of Natural History cra, Swedish Museum of Natural History fcrb; Getty Images / iStock: Mark Kostich fcr, c; Science Photo Library: Science Source / Millard H. Sharp ftr, Millard H. Sharp ca, Dirk Wiersma tc.

其他图片 © Dorling Kindersley
更多信息请见：
www.dkimages.com

关于作者

本书作者迪安·洛马克斯博士是古生物学家、演说家和作家。他从小就喜欢恐龙，现在是世界鱼龙专家，且命名了5个新物种。他经常以专家的身份出现在电视节目中，还为DK出版公司写过《恐龙探索》一书。